GÉOMÉTRIE SYNTHÉTIQUE

DES UNICURSALES

DE TROISIÈME CLASSE ET DE

PAR

E. BALLY

PARIS

GAUTHIER-VILLARS ET Cie, ÉDITEURS
LIBRAIRIE DU BUREAU DES LONGITUDES, DE L'ÉCOLE POLYTECHNIQUE
55, Quai des Grands-Augustins, 55

1920

GÉOMÉTRIE SYNTHÉTIQUE

DES

UNICURSALES DE TROISIÈME CLASSE

ET DE QUATRIÈME ORDRE

PARIS. — IMPRIMERIE GAUTHIER-VILLARS ET Cie

Quai des Grands-Augustins, 55

60779-20

GÉOMÉTRIE SYNTHÉTIQUE

DES UNICURSALES

DE TROISIÈME CLASSE ET DE QUATRIÈME ORDRE

PAR

E. BALLY

PARIS

GAUTHIER-VILLARS ET Cie, ÉDITEURS

LIBRAIRES DU BUREAU DES LONGITUDES, DE L'ÉCOLE POLYTECHNIQUE

1920

PRÉFACE.

L'opuscule que nous présentons au lecteur est extrait d'un Ouvrage de Géométrie qui sera publié ultérieurement, Ouvrage accessible aux élèves de Mathématiques spéciales.

Le Chapitre I traite des épicycloïdes, la cardioïde et l'hypocycloïde à trois rebroussements étant prises comme types des quartiques tricuspidales. Le procédé qui détermine simultanément le centre de courbure en un point et la longueur de l'arc compris entre ce point et un rebroussement voisin est tellement simple qu'il doit être bien connu. On peut s'étonner, en raison de cette simplicité même, de ne pas le voir figurer dans les Traités de Géométrie élémentaire, en particulier dans celui de Rouché et Comberousse.

Le Chapitre II est consacré aux propriétés tangentielles de l'hypocycloïde, corrélatives des propriétés ponctuelles des cubiques à point double.

Les deux Chapitres suivants traitent plutôt des propriétés ponctuelles, déduites de ce fait, en général mentionné avec trop peu d'insistance, que les unicursales de troisième classe sont les transformées quadratiques ponctuelles de coniques inscrites au triangle de leurs rebroussements. Nous donnons en particulier une démonstration élémentaire pour l'hypocycloïde à trois rebroussements. Les deux premiers Chapitres et la première partie du troisième ne font d'ailleurs appel en général qu'à des notions de Géométrie élémentaire.

Au Chapitre IV, nous établissons une belle propriété, peut-être inédite, relative aux tangentes à l'hypocycloïde aux points où elle est rencontrée par un cercle arbitraire.

Le dernier Chapitre envisage enfin la cubique à point double et la quartique de troisième classe comme la projection d'une cubique gauche et comme la trace de la développable de ses tangentes ; on retrouve les propriétés ponctuelles et tangentielles déjà établies, et aussi une intéressante propriété des coniques tritangentes.

Puisse ce petit Livre intéresser les amateurs de Géométrie, et leur inspirer le désir de lire ensuite l'Ouvrage que nous leur promettons.

E. BALLY.

1ᵉʳ février 1919
Morne Rouge (Martinique).

UNICURSALES DE TROISIÈME CLASSE

ET DE QUATRIÈME ORDRE

CHAPITRE I.

APERÇU GÉNÉRAL SUR LES CYCLOÏDES.

---

1. Définition. — 2. Glissière, rebroussements, sommets, axes, arc fondamental, points associés du générateur. — 3. Les deux générateurs de la cycloïde. — 4. Tangente et normale, définition tangentielle générale. — 5. Enveloppe d'un diamètre du générateur, cas de la trihypocycloïde et de la monoépicycloïde. — 6. Description mécanique au moyen d'un parallélogramme articulé et d'un brin de fil. — 7. Développée, développante, centre de courbure, rectification. — 8. Cas de la trihypocycloïde et de la cardioïde, deux mots sur cette dernière. — 9. Diverses formes de cycloïdes, n-cycloïdes ordinaires. — 10. Mouvement hypodicycloïdal et quadrihypocycloïde.

(Nous donnons cet aperçu en Chapitre initial de ce Livre, parce que nous choisirons la trihypocycloïde et la monoépicycloïde ordinaire comme types des unicursales de troisième classe et de quatrième ordre, auxquelles se ramènent les autres par des transformations homographiques réelles.)

1. Par la dénomination générale de cycloïde, nous entendons ici la trajectoire d'un point d'un cercle (G) de grandeur invariable (cercle générateur) qui roule sur un cercle fixe (Δ) (cercle directeur ou direction).

Le cas limite où la directrice Δ devient rectiligne rayon (infini) donne la cycloïde proprement dite, ou roulette, de Pascal.

Les cycloïdes en général sont susceptibles d'une définition tangentielle fort simple, et présentent la remarquable particularité d'avoir pour développée et pour développante une courbe de même espèce, d'où résulte immédiatement la détermination des centres de courbure et la rectification de leurs arcs.

Certaines d'entre elles se rencontrent assez fréquemment dans les problèmes : la monoépicycloïde ordinaire, ou cardioïde de Pascal, la trihypocycloïde (ces deux premières sont des unicursales de troisième classe et de quatrième ordre, corrélatives des cubiques à point double ordinaire); la quadrihypocycloïde, qui est aussi l'enveloppe de la droite de support d'un segment de longueur invariable, dont les extrémités glissent sur deux axes rectangulaires. Citons aussi la diépicycloïde ordinaire, caustique par réflexion sur un cercle d'un faisceau de rayons parallèles.

Suivant que le contact du générateur et du directeur est direct (¹) ou inverse, le mouvement engendré est dit *hypocycloïdal* ou *épicycloïdal;* suivant que le générateur (et par suite la trajectoire) est intérieur ou extérieur au directeur, la trajectoire est une hypocycloïde ou une épicycloïde. On n'a donc une hypocycloïde que si, le contact étant direct, le rayon du générateur est inférieur à celui du directeur.

Le centre G du générateur décrit dans le mouvement un cercle (cercle des centres) concentrique au directeur.

Si pendant le roulement on imprime au plan une rotation autour du centre O du cercle directeur, de manière à maintenir immobile sur son cercle de parcours le centre G du générateur, le mouvement de ce générateur se réduit à une rotation autour de son centre, de même sens que la première ou de sens contraire, suivant que le mouvement est hypocycloïdal (contact direct) ou

---

(¹) Nous disons que le contact de deux cercles tangents est direct ou inverse, suivant que ces cercles sont directement ou inversement homothétiques relativement à leur point de contact, c'est-à-dire suivant qu'ils sont situés d'un même côté ou de part et d'autre de leur tangente de contact.

épicycloïdal (contact inverse), les vitesses angulaires de ces rotations autour du centre O du directeur et du centre G du générateur étant inversement proportionnelles aux rayons de ces cercles (puisque le point de contact d'une position donnée décrit sur les deux cercles des arcs d'égale longueur).

Donc inversement, étant données deux positions du système mobile, on peut passer de la première à la seconde par une rotation autour du centre O du directeur, amenant le centre G′ du générateur dans sa première position en coïncidence avec celui G″ du générateur dans sa seconde position, suivie d'une rotation autour de ce dernier point, de sens contraire ou de même sens, suivant que le mouvement est hypocycloïdal (contact direct) ou épicycloïdal (contact inverse), les amplitudes de ces rotations étant inversement proportionnelles aux rayons des cercles (directeur et générateur) qui ont leurs centres en ces points.

2. Dans chacune de ses positions, le générateur est tangent (en son point diamétralement opposé de son point de contact avec le directeur) à un second cercle fixe (Γ) concentrique au directeur : nous l'appellerons le *cercle-glissière*. Ce cercle se réduit à un point (centre du directeur) dans le cas où le contact avec le directeur étant direct, le diamètre du générateur est égal au rayon du directeur.

Tous les points du générateur appartenant à la couronne (bords compris) délimitée par le directeur et la glissière, tous les points de la trajectoire s'y trouvent également.

Les points du directeur sur lesquels le générateur transporte le point générateur sont les rebroussements de la cycloïde, et les points de la glissière sur lesquels s'applique ce point sont les sommets de la courbe.

Celle-ci admet évidemment pour axe de symétrie tout diamètre des cercles concentriques, directeur et glissière, uni à un rebroussement ou à un sommet.

Le centre commun O du directeur et de la glissière, point de concours de ces axes de symétrie, sera dit aussi *centre de la*

cycloïde. Sauf pour les cycloïdes d'ordre pair, ce n'est pas un
centre de symétrie, mais seulement un centre de figure, en appelant ainsi le point de concours de deux axes de symétrie d'une
figure donnée, centre d'une rotation d'amplitude inférieure à 2π
n'altérant pas cette figure. (Pour les monoépicycloïdes, qui n'ont
qu'un axe de symétrie, ce n'est même plus un centre de figure.)

Deux rebroussements entre lesquels le générateur effectue
sur le directeur un et un seul roulement complet seront dits
voisins ou *juxtaposés* sur la cycloïde; ils sont séparés sur le
directeur par un arc (décrit par le contact du générateur) qui
a même longueur qu'une circonférence génératrice. On appellera *arc fondamental de la cycloïde* l'arc de la trajectoire reliant
deux rebroussements voisins, décrit par le point générateur
dans le roulement complet précédent. Il admet pour axe de
symétrie l'axe de symétrie de ses extrémités, et contient un
sommet situé sur cet axe; ce sommet et l'un ou l'autre de ces
rebroussements seront aussi dits *voisins*, et l'arc qui s'étend
d'un sommet à un rebroussement voisin est un demi-arc fondamental.

R_δ et R_g étant les rayons du directeur et du générateur,
on passe d'un arc fondamental à un autre contigu à celui-ci
par une rotation autour du centre d'amplitude de $2\pi\dfrac{R_g}{R_\delta}$.

Les extrémités des arcs du directeur qui ont même origine en
un rebroussement donné, qui ont pour longueurs des multiples
entiers d'une circonférence génératrice, et dont l'amplitude sur
le directeur est par conséquent représentée par l'expression

$$K\,2\pi\,\frac{R_g}{R_\delta}$$

(K entier positif ou négatif arbitraire), sont les autres rebroussements de la cycloïde.

Inversement, les extrémités des arcs du générateur qui ont
même origine au point générateur, et dont les amplitudes sont
représentées par l'expression générale $K\,2\pi\dfrac{R_\delta}{R_g}$, décrivent
toutes la même trajectoire que le point générateur.

Si $\dfrac{R_g}{R_\delta}$ est incommensurable, la courbe est transcendante, elle a une infinité de rebroussements et d'arcs fondamentaux.

Si R_g et R_δ sont entre eux comme les nombres premiers entre eux m, n, la courbe a n rebroussements, n arcs fondamentaux et est dite d'ordre n (il ne s'agit pas ici du degré algébrique), tandis que le générateur porte m points associés, sommets d'un m-gone régulier, décrivant tous cette même cycloïde.

Le générateur aura deux points associés diamétralement opposés si ce m-gone est d'ordre pair, c'est-à-dire si m est pair, ce qui entraîne que l'ordre n de la cycloïde soit impair. Comme on le verra bientôt, toute cycloïde admettant deux générateurs dont les rayons ont pour somme ou pour différence (suivant qu'il s'agit d'une hypocycloïde ou d'une épicycloïde) le rayon du directeur, pour toute cycloïde d'ordre impair, deux points diamétralement opposés de l'un de ses générateurs décrivent la même trajectoire.

Les tangentes, ainsi que les normales, en ces deux points, sont rectangulaires, et se coupent, les premières sur la glissière, les secondes sur le directeur [comme il résultera de la division (4) de ce Chapitre].

3. Toute cycloïde (sauf deux cas limites déjà signalés : celui où le directeur se réduit à une droite et celui où la glissière se réduit à un point) est susceptible d'être engendrée par deux générateurs de grandeur différente, roulant sur le même directeur et glissant sur la même glissière.

(Les deux mouvements engendrés sont d'espèce différente, ce qui importe peu ici, où nous avons en vue non point l'étude intrinsèque de ces mouvements, mais celle de la trajectoire d'un point du générateur; ils peuvent être dits *complémentaires*.)

Si l'un des générateurs est intérieur au directeur, l'autre le sera aussi; leurs deux contacts sont alors de même espèce (directs), les deux mouvements sont hypocycloïdaux, et la trajectoire, intérieure au directeur, s'appellera une *hypocycloïde*. La glissière est ici intérieure au directeur.

Si l'un des générateurs est extérieur au directeur, l'autre l'est aussi, mais les contacts avec le directeur seront ici d'espèce contraire (un contact direct pour le grand générateur et un contact inverse pour le petit); le premier mouvement est hypocycloïdal, le second épicycloïdal, et la trajectoire, extérieure au directeur, s'appellera une *épicycloïde*. La glissière est alors extérieure au directeur.

Considérons en effet deux cercles concentriques (E), (I), de centre O, de rayons R_e, R_i, le cercle (E) étant supposé extérieur au cercle (I), c'est-à-dire $R_e > R_i$.

Il y a deux familles de cercles à la fois tangents à ces deux cercles concentriques. Les cercles (C_1) de la première famille ont un contact direct avec (E) et inverse avec (I); ils ont pour diamètre

$$D_1 = R_e - R_i.$$

Les cercles (C_2) de la seconde famille ont leurs contacts directs sur E comme sur I, et pour diamètre

$$D_2 = R_e + R_i.$$

Les rayons des cercles de ces deux familles sont donc

$$R_1 = \frac{R_e - R_i}{2}, \qquad R_2 = \frac{R_e + R_i}{2}.$$

Les cercles d'une même famille ont leurs centres sur un cercle concentrique aux cercles donnés et *égal aux cercles de l'autre famille;* par tout point intérieur de la couronne comprise entre les cercles donnés il passe deux cercles de chaque famille.

En fonction de R_1, R_2, les rayons des cercles (E), (I) s'expriment par

$$R_e = R_2 + R_1, \qquad R_i = R_2 - R_1.$$

4. Soit A un point d'un cercle (C_{α_1}) de centre G_{α_1} $(\alpha_1, \alpha_2 = 1, 2)$, ayant ses contacts sur (E) et (I) en E_{α_1}, I_{α_1}, alignés avec O et diamétralement opposés sur sa circonférence (donc alignés aussi avec G_{α_1} (*fig.* 1).

Les droites rectangulaires AE_{α_1}, AI_{α_1} recoupent les cercles (E) et (I) respectivement en E_{α_2}, I_{α_2}, lesquels, appartenant tous deux au symétrique du rayon $OI_{\alpha_1} G_{\alpha_1} E_{\alpha_1}$ relatif aux axes rectangulaires issus de O parallèlement aux droites AE_{α_1}, AI_{α_1}, sont aussi alignés avec O.

Fig. 1.

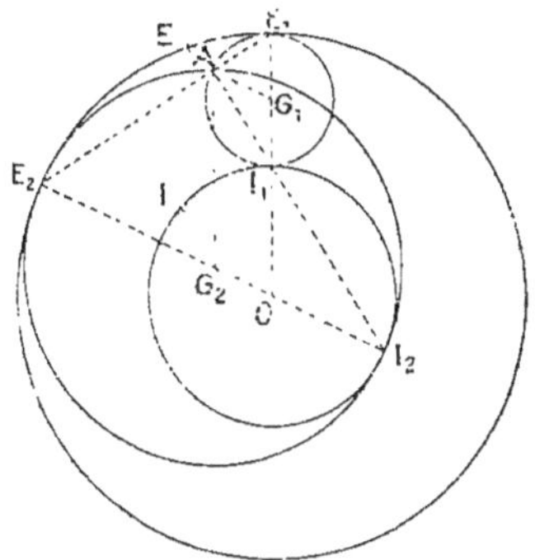

Ces points E_{α_2}, I_{α_2} sont donc les points de contact sur (E) et sur (I) d'un cercle (C_{α_2}) de l'autre famille, passant au point A.

Comme

$$G_{\alpha_1}A = OG_{\alpha_2}, \qquad G_{\alpha_2}A = OG_{\alpha_1},$$

les centres G_{α_1}, G_{α_2} des cercles (C_{α_1}), $C_{\alpha_2})$ qui passent en A sont les sommets opposés (situés sur deux cercles de centre O, égaux aux cercles C_{α_2}, C_{α_1}) d'un parallélogramme ayant deux sommets opposés en O et A.

Les angles au centre O, G_{α_1}, G_{α_2}, correspondant aux arcs déterminés par la corde $E_{\alpha_1}AE_{\alpha_2}$ sur les cercles (E), (C_{α_1}), $(C)_{\alpha_2}$, étant égaux, les longueurs de ces arcs sont proportionnelles aux rayons de ces cercles; de même les arcs déterminés par la corde $AI_{\alpha_1}I_{\alpha_2}$ sur les cercles (I), (C_{α_1}), $C_{\alpha_2})$ ont des longueurs qui sont entre elles comme leurs rayons. Comme le rayon de (E) est la somme, et celui de (I) la différence des rayons de (C_1) et de (C_2), la longueur de l'arc $E_1 E_2$ de (E) est la somme des longueurs des arcs AE_1 de (C_1) et AE_2 de (C_2), tandis que la longueur de l'arc $I_1 I_2$ de (I) est la différence des longueurs des arcs AI_2 de (C_2) et AI_1 de (C_1).

Soit E le point de l'arc $E_1 E_2$ de (E) tel que

$$\text{arc } EE_1 = \text{arc } AE_1, \qquad \text{arc } EE_2 = \text{arc } AE_2,$$

et I le point de (I) tel que

$$\text{arc } II_2 = \text{arc } AI_2, \qquad \text{arc } II_1 = \text{arc } AI_1.$$

Si l'on suppose que les cercles $(C_1), (C_2)$ roulent tous deux sur (E), de manière que leurs points de contact E_1, E_2 sur (E) se déplacent en sens contraire avec des vitesses proportionnelles à leurs rayons, le point A, supposé invariablement lié à l'un d'eux, reste aussi invariablement lié à l'autre, et vient finalement coïncider avec E, rebroussement de l'hypocycloïde engendrée par A dans l'un comme dans l'autre de ces roulements. [Le cercle (E) est alors le directeur et le cercle (I) la glissière.]

Pareillement, si les cercles $(C_1), (C_2)$ à partir de leur position initiale roulent sur le cercle intérieur (I), les points de contact I_1, I_2, se déplaçant sur (I) toujours avec des vitesses proportionnelles aux rayons, mais ici dans le même sens, le point A, supposé lié à l'un de ces cercles, reste lié à l'autre et engendre par l'un ou l'autre de ces roulements la même trajectoire, dite *épicycloïde*, ayant un rebroussement en I. [Le cercle (E) est ici la glissière et le cercle (I) le directeur.]

La droite AE_1E_2 qui porte les contacts des générateurs avec (E), directeur des premiers mouvements (centres instantanés de rotation dans ces mouvements) est la normale en A à l'hypocycloïde décrite par A. La droite AI_1I_2 est donc la tangente à la trajectoire en A : elle porte les points de contact des générateurs avec la glissière.

Dans les seconds mouvements, où (I) est le directeur et (E) la glissière, la normale est AI_1I_2 ; elle porte toujours les contacts des générateurs avec le directeur (I), de même que la tangente AE_1E_2 porte les contacts des générateurs avec la glissière (E).

Dans les deux cas, les points E_1, I_1, de même que E_2, I_2, étant constamment alignés avec O, les extrémités de la tangente sur la glissière se déplacent comme les extrémités de la normale sur le directeur, c'est-à-dire en décrivant des arcs proportionnels aux rayons des générateurs correspondant à ces extrémités, et en sens contraire ou dans le même sens suivant qu'il s'agit d'une hypocycloïde ou d'une épicycloïde.

(On voit déjà que l'enveloppe des normales d'une cycloïde sera une cycloïde de même espèce, ayant pour glissière le directeur de la première.)

La définition tangentielle générale des cycloïdes est donc celle-ci.

Une cycloïde est l'enveloppe de la droite de jonction $P_1 P_2$ des positions simultanées de deux mobiles P_1, P_2, qui se déplacent sur une circonférence (laquelle est sa glissière) avec des vitesses dont le rapport est constant en grandeur et en signe.

Si ce rapport est négatif, les mobiles se déplaçant en sens contraire, on a une hypocycloïde; s'il est positif, les mobiles se déplaçant dans le même sens, on a une épicycloïde.

Comme cas limites on peut avoir : un point à l'infini (vitesses égales et de sens contraires); un cercle concentrique (vitesses égales et de même sens); un point de la glissière (une vitesse nulle).

On peut appeler *espèce d'une cycloïde* un couple non ordonné (λ_1, λ_2) de nombres, positifs ou négatifs, proportionnels aux vitesses de déplacement des extrémités de la tangente sur la glissière, et déterminés à un même facteur près.

Une cycloïde est déterminée en grandeur par son espèce et le rayon de sa glissière; elle est déterminée en grandeur et en position si l'on donne son espèce, sa glissière et une tangente rencontrant cette glissière en deux points (pour chacun desquels doit être précisé celui des deux nombres du couple qui s'y rapporte).

Supposant λ_2 positif et supérieur ou égal à la valeur absolue de λ_1, on a, R_1, R_2 étant les rayons des générateurs correspondant à $\lambda_1, \lambda_2,$

$$\frac{R_2}{\lambda_2} = \frac{R_1}{\lambda_1} = \frac{R_2 + \varepsilon R_1}{\lambda_2 + \lambda_1} = \frac{R_2 - \varepsilon R_1}{\lambda_2 - \lambda_1} = \frac{R_\gamma}{\lambda_2 + \lambda_1} = \frac{R_\delta}{\lambda_2 - \lambda_1},$$

relations qui déterminent les cinq éléments de la cycloïde

(espèce, rayons des générateurs, du directeur et de la glissière) en fonction de deux d'entre eux. Si le rapport de λ_2 à λ_1 est rationnel, on peut les supposer premiers entre eux; la cycloïde est alors algébrique et a $\lambda_2 - \lambda_1$ rebroussements.

5. On peut encore définir la cycloïde comme enveloppe d'une droite en rotation autour de l'un de ses points, lequel est lui-même en rotation autour d'un centre fixe O, le rapport des vitesses angulaires de ces deux rotations étant constant en grandeur et en signe.

Si μ_1, μ_2 sont deux nombres proportionnels aux vitesses des rotations de ce point autour du centre O et de la droite autour de son point, si ce point se déplace d'un arc μ_1 sur son cercle de parcours, la seconde extrémité de la droite sur ce cercle se déplace par la première rotation d'un arc μ_1 égal et de même sens, et par la seconde d'un arc $2\mu_2$ (l'angle μ_2 décrit par la droite pans cette rotation étant inscrit au cercle). La cycloïde enveloppe de la droite a pour glissière le cercle décrit par le point, et pour espèce $(\mu_1, \mu_1 + 2\mu_2)$.

Un diamètre d'un générateur d'une cycloïde (R_g et R_δ étant les rayons de ce générateur et du directeur) enveloppe donc une cycloïde qui a pour glissière le cercle des centres de ce générateur, et pour espèce $(R_g, R_g + 2\varepsilon R_\delta)$ (ε, unité positive ou négative suivant que le contact des cercles est inverse ou direct). Elle a même directeur que la première, un générateur moitié moindre que le générateur envisagé de la première, et a pour rebroussements les rebroussements des deux cycloïdes décrites par ses extrémités sur le générateur qui le porte. Si la cycloïde donnée est d'ordre impair, et le générateur considéré celui dont les points diamétralement opposés décrivent la même trajectoire, les deux cycloïdes mentionnées se confondent, et la cycloïde enveloppe a mêmes rebroussements que celle décrite par les extrémités du diamètre.

Mais elle ne se confond avec cette dernière que dans un seul cas, puisque la glissière de la première, cercle des centres de la dernière, est toujours distinct de la glissière de cette dernière, sauf dans le cas de la trihypocycloïde ordinaire (où le cercle des centres du grand générateur est précisément la glissière).

Le diamètre du grand générateur de la trihypocycloïde (celui dont le rayon est égal aux $\frac{2}{3}$ du rayon du directeur) qui porte les deux points générateurs a donc pour enveloppe la trajectoire de ses extrémités (lesquelles sont ses points d'incidence et non de contact sur la courbe). Le segment intercepté par la courbe sur une tangente est donc constant et égal au diamètre du grand générateur, ou au double de celui du petit). Les tangentes à la courbe en ces points d'incidence, de même que les normales, sont rectangulaires, et se coupent, les premières sur la glissière, les secondes sur le directeur. Le point de contact de cette tangente, projection du point de concours des normales en ses extrémités (centre instantané de rotation) est porté par le petit générateur qui touche le directeur au même point que le grand générateur considéré. (Nous retrouverons ces propriétés au Chapitre II.)

Un autre cas intéressant est celui où le cercle des centres du générateur envisagé se confond avec le directeur : c'est le cas de la monoépicycloïde simple et de son grand générateur. Le diamètre de celui-ci qui porte les deux points générateurs est constamment uni au rebroussement de la monoépicycloïde décrite par ses extrémités [l'espèce de l'enveloppe étant

$$(R_g, \ R_g - 2R_\delta)$$

le second nombre $R_g - 2R_\delta$ est nul]. Le segment intercepté par la monoépicycloïde sur une sécante issue du rebroussement est donc constant (diamètre du grand générateur, double de celui du directeur); et son milieu (centre de ce générateur) décrivant le directeur, la monoépicycloïde est la conchoïde de son directeur relative à son rebroussement, l'argument étant égal au diamètre de ce directeur.

6. On peut remarquer que les centres G_1, G_2 des deux générateurs d'une cycloïde (alignés chacun avec le centre O et le point

de contact correspondant) se déplaçant sur leurs cercles de parcours de centre O et de rayons R_2, R_1, en sens contraire ou dans le même sens (hypocycloïde ou épicycloïde), avec des vitesses angulaires proportionnelles aux rayons de ces générateurs, et par suite inversement proportionnelles aux rayons de leurs cercles de parcours, leurs positions simultanées décrivent sur ces cercles des arcs d'égale longueur.

On en déduit un mode de description de la cycloïde au moyen du parallélogramme articulé $OG_1 AG_2$ et d'un brin de fil (*fig.* 2).

Fig. 2.

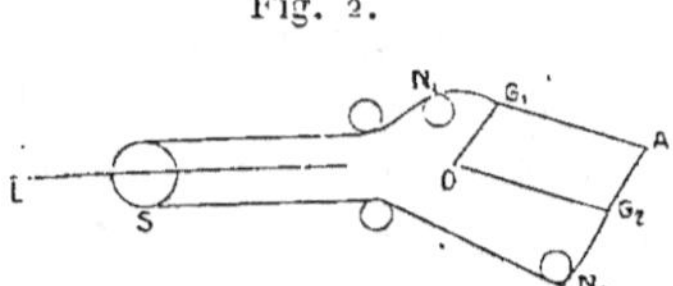

Le sommet O étant fixe, le brin, d'une longueur convenable, a ses extrémités attachées en G_1, G_2, et s'appuie en sens inverse à partir de ses extrémités sur deux glissières circulaires, formées de portions des cercles concentriques de rayons $OG_1 = R_2$, $OG_2 = R_1$. En quittant ces glissières, le fil est guidé par des supports convenablement disposés, de manière à pouvoir être tendu. Ces supports sont fixes, sauf l'un, S, qui peut à volonté glisser ou être fixé le long d'une glissière rectiligne L et qui est disposé relativement aux deux supports voisins de telle sorte que les branches de fil qui le quittent soient toutes deux parallèles à la glissière L. Le fil glisse librement sur les supports fixes et peut à volonté être fixé ou glisser librement sur le support susceptible de déplacement.

Ouvrons complètement le parallélogramme, de manière que les branches issues de O soient dans le prolongement l'une de l'autre; plaçons le sommet A en un point arbitraire du cercle de centre O et de rayon $(R_1 - R_2)$, et tendons le fil, libre sur tous ses supports, par le déplacement du support mobile sur sa glissière.

Ce support étant alors fixé, fermons le parallélogramme en maintenant le fil tendu : le fil glisse sur tous ses supports, ses extrémités G_1, G_2 décrivent sur les glissières de rayons R_2, R_1 des arcs d'égale longueur et de même sens, et le sommet A du parallélogramme décrit un arc d'épicycloïde ayant un rebroussement au point choisi, et compris entre ce rebroussement et un sommet voisin.

Si, à partir de la position initiale, on fixe le fil sur le support mobile et qu'on rende à ce dernier sa liberté sur sa glissière, le mouvement du parallélogramme entraîne ce support sur sa glissière, les extrémités du fil décrivent des arcs de même longueur et de sens contraires, et le sommet A décrit l'arc d'hypocycloïde ayant un sommet au point choisi, et compris entre ce sommet et un rebroussement voisin.

(Si l'on avait supposé les branches extrêmes du fil disposées à partir de leurs extrémités dans le même sens sur les glissières circulaires, le premier procédé aurait donné un arc d'hypocycloïde et le second un arc d'épicycloïde.)

7. Soit un point A d'une cycloïde (Σ), porté par un générateur qui touche en Γ la glissière et en Δ le directeur; $A\Gamma$ est la tangente et $A\Delta$ la normale en ce point (*fig. 3*).

Considérons la cycloïde (Σ_1) décrite par le point A_1, diamétralement opposé de A sur le générateur. C'est une cycloïde égale à la première, et l'un des milieux de chaque arc du directeur séparant deux rebroussements juxtaposés de l'une est un rebroussement de l'autre, puisque l'arc du directeur qui sépare un rebroussement de l'une d'un rebroussement voisin de l'autre a même longueur qu'une demi-circonférence génératrice.

La tangente et la normale en A_1 à la cycloïde (Σ_1) sont $A_1\Gamma$, $A_1\Delta$; $A\Delta$, normale à (Σ), est la transformée de $A_1\Gamma$ par l'homothétie de centre O qui transforme Γ en Δ (et par suite la glissière dans le directeur); $A\Gamma$ est la transformée de $A_1\Delta$ par l'homothétie de centre O (inverse de la première) qui transforme Δ en Γ (et par suite le directeur dans la glissière).

Donc, la normale $A\Delta$ à la cycloïde (Σ) touche une cycloïde (Σ')

(développée), transformée de (Σ_1) par la première homothétie, tandis que la tangente $A\Gamma$ est normale à une cycloïde (Σ'') (développante), transformée de (Σ_1) par la seconde homothétie.

Fig. 3.

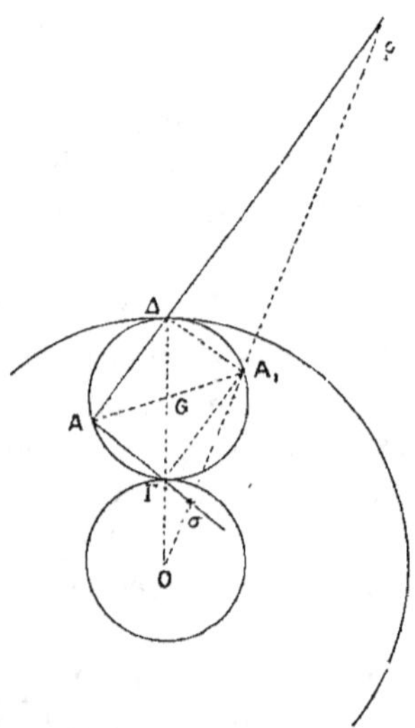

Une cycloïde (Σ) a donc pour développée une cycloïde de même espèce (Σ'), qui a pour glissière le directeur de (Σ) et pour sommets les rebroussements de (Σ), et elle admet pour développante une cycloïde de même espèce (Σ'') qui a pour directeur la glissière de (Σ) et pour rebroussements les sommets de (Σ).

[Dans le cas où la cycloïde (Σ) est rationnelle et a un nombre impair de rebroussements, en choisissant le générateur qui porte des points générateurs diamétralement opposés, les cycloïdes (Σ) et (Σ_1) coïncident; les cycloïdes développée et développante de (Σ) lui sont alors homothétiques relativement à son centre.]

L'arc de la cycloïde (Σ), compris entre un point arbitraire A et un sommet voisin S, a même longueur que le segment de la tangente en A (segment rectificateur) compris entre ce point et le pied d'incidence normale de cette tangente sur la cycloïde développante (Σ'') [car si un fil inextensible, de longueur égale à celle d'un demi-arc fondamental de la cycloïde (Σ), et primitivement appliqué sur ce demi-arc fondamental entre un sommet S et un rebroussement voisins, se déroule par l'extrémité du sommet en restant tendu tangentiellement à la courbe, son extrémité libre décrit le demi-arc de la cycloïde développante (Σ''), à partir de son rebroussement situé en S].

La rectification d'un arc de cycloïde se ramène donc à la détermination, sur la tangente en A, du pied d'incidence normale de cette tangente sur la cycloïde développante.

Une même construction d'une remarquable simplicité détermine à la fois le point de contact de la normale en A sur la développée (centre de courbure en A) et le pied d'incidence normale de la tangente en A sur la développante (extrémité du segment rectificateur en A) :

Le centre de courbure en A (sur la normale en A) et l'extrémité du segment rectificateur en A (sur la tangente en A) sont tous deux portés par le rayon issu du centre O et uni au point A_1, diamétralement opposé de A sur l'un des générateurs attachés à ce point. (Car chacun de ces points est le transformé de A_1 par l'une ou par l'autre des deux homothéties précédentes de centre O.)

Cette construction ne s'applique plus en un sommet S ou en un rebroussement V; mais on voit immédiatement qu'en un rebroussement le rayon de courbure est nul, le sommet de la cycloïde (Σ'), centre de courbure, coïncidant avec ce rebroussement; de même le segment rectificateur est nul en un sommet.

En un sommet S, le centre de courbure est un rebroussement V' de (Σ'); la longueur ρ_S du rayon de courbure SV' en S est égale à la valeur absolue de la différence des rayons $R_{\delta'}$ du directeur de (Σ') et R_γ de la glissière de (Σ); et comme le directeur de (Σ) est la glissière de (Σ'),

$$\frac{R_{\delta'}}{R_\delta} = \frac{R_\delta}{R_\gamma},$$

d'où

$$R_{\delta'} = \frac{R_\delta^2}{R_\gamma},$$

$$\rho_S = |\, R_{\delta'} - R_\gamma \,| = \left|\, \frac{R_\delta^2}{R_\gamma} - R_\gamma \,\right| = \frac{|\, R_\delta^2 - R_\gamma^2 \,|}{R_\gamma}.$$

On verrait de même que le segment rectificateur σ_V en un rebroussement V (longueur d'un demi-arc simple), étant la différence des rayons du directeur de (Σ) et de la glissière de (Σ''), s'exprime en valeur absolue par

$$\sigma_V = \frac{\left| R_\delta^2 - R_\gamma^2 \right|}{R_\delta}.$$

Les segments ρ_S, σ_V se construisent facilement.

Considérant (*fig. 4*) deux cercles concentriques (E), (I), de

Fig. 4.

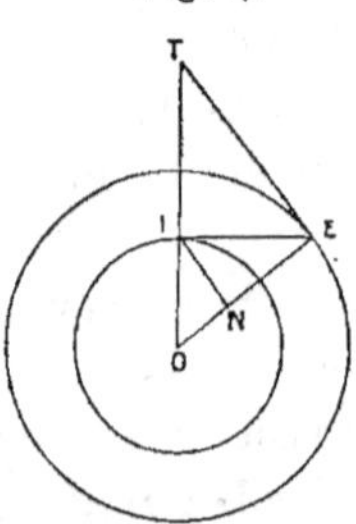

centre O, de rayons R_e, $R_i\,(R_e > R_i)$, si E est un point où la tangente en I à (I) rencontre (E), la tangente à (E) en ce point rencontre le rayon OI en T, et le point I se projette sur le rayon OE en N.

On a

$$\overline{IE}^2 = \overline{OE}^2 - \overline{OI}^2 = R_e^2 - R_i^2,$$
$$\overline{IE}^2 = IO \times IT = R_i \times IT,$$
$$\overline{IE}^2 = OE \times NE = R_e \times NE;$$

d'où

$$IT = \frac{R_e^2 - R_i^2}{R_i}, \qquad NE = \frac{R_e^2 - R_i^2}{R_e}.$$

Si (E) est le directeur et (I) la glissière (hypocycloïde), on a

$$\rho_S = IT. \qquad \sigma_V = NE.$$

Si (I) est le directeur et (E) la glissière (épicycloïde), on a

$$\rho = NE, \qquad \sigma_V = IT.$$

Les longueurs ρ_A, σ_A du rayon de courbure et du segment rectificateur en un point arbitraire A s'expriment aisément en fonction de l'angle des rayons d'un générateur portant ce point, unis, l'un au point A, l'autre au centre O de la courbe (et par conséquent aussi aux contacts de ce générateur sur le directeur et sur la glissière).

α étant la valeur de l'angle en question, ρ le centre de courbure et σ l'extrémité du segment rectificateur en A (alignés tous deux avec O et le point A_1, diamétralement opposé de A sur le générateur de rayon R_g), on a (*fig.* 3) (cas de l'hypocycloïde)

$$\rho_A = A\Delta + \Delta\rho = A\Delta + \Gamma A_1 \frac{R_\delta}{R_\gamma} = A\Delta\left(1 + \frac{R_\delta}{R_\gamma}\right)$$
$$= 2R_g\cos\frac{\alpha}{2}\left(1 + \frac{R_\delta}{R_\gamma}\right) = (R_\delta - R_\gamma)\cos\frac{\alpha}{2}\left(1 + \frac{R_\delta}{R_\gamma}\right),$$
$$\rho_A = \frac{R_\delta^2 - R_\gamma^2}{R_\gamma}\cos\frac{\alpha}{2}.$$

De même

$$\sigma_A = \frac{R_\delta^2 - R_\gamma^2}{R_\delta}\sin\frac{\alpha}{2}.$$

Mêmes formules, au signe près, pour l'épicycloïde.

En supposant $\alpha = 0$ et $\alpha = \pi$, on retrouve les valeurs de ρ_S et de σ_V.

En fonction de ces valeurs et de l'angle α, on a

$$\rho_A = \rho_S\cos\frac{\alpha}{2}, \qquad \sigma_A = \sigma_V\sin\frac{\alpha}{2}.$$

ρ_A et σ_A sont donc les coordonnées d'un point de l'ellipse ayant pour demi-axes ρ_S, σ_V, correspondant à une anomalie excentrique égale à la moitié de l'angle α.

Si l'on veut exprimer ces segments en fonction de l'angle β de la rotation par laquelle on passe d'un générateur portant un rebroussement voisin au générateur de même famille qui porte le point A, il suffit de se rappeler que l'on a

$$\frac{\beta}{\alpha} = \frac{R_g}{R_\delta} = \frac{|R_\delta + \varepsilon R_\gamma|}{2R_\delta}.$$

Aire des cycloïdes. — L'aire $d\mathrm{W}$ du triangle qui a son sommet au centre de la courbe et pour base opposée l'élément $d\sigma$ de la courbe uni à un point A est égale au demi-produit de $d\sigma$ et de la distance du centre à la tangente en A·

Conservant les notations précédentes, et cette distance étant égale à $\mathrm{R}_\gamma \cos \frac{\alpha}{2}$, on a

$$d\mathrm{W} = \frac{1}{2}\,\mathrm{R}_\gamma \cos \frac{\alpha}{2}\, d\sigma\,;$$

De l'expression de σ_{A} en fonction de α, on déduit

$$d\sigma = \frac{1}{2}\,\frac{\mathrm{R}_\delta^2 - \mathrm{R}_\gamma^2}{\mathrm{R}_\delta}\cos \frac{\alpha}{2}\, d\alpha\,;$$

d'où

$$d\mathrm{W} = \frac{1}{4}\,\frac{\mathrm{R}_\gamma}{\mathrm{R}_\delta}\left(\mathrm{R}_\delta^2 - \mathrm{R}_\gamma^2\right)\cos^2 \frac{\alpha}{2}\, d\alpha = \frac{1}{8}\,\frac{\mathrm{R}_\gamma}{\mathrm{R}_\delta}\left(\mathrm{R}_\delta^2 - \mathrm{R}_\gamma^2\right)(1 + \cos\alpha)\, d\alpha\,.$$

En désignant par $\mathrm{W}_{\alpha'}^{\alpha}$, l'aire balayée par le rayon uni au centre et au point traçant quand celui-ci se déplace de A en A$'$, on a

$$\mathrm{W}_{\alpha'}^{\alpha} = \frac{1}{8}\,\frac{\mathrm{R}_\gamma}{\mathrm{R}_\delta}\left(\mathrm{R}_\delta^2 - \mathrm{R}_\gamma^2\right)\int_{\alpha'}^{\alpha}(1 + \cos x)\, dx$$

$$= \frac{1}{8}\,\frac{\mathrm{R}_\gamma}{\mathrm{R}_\delta}\left(\mathrm{R}_\delta^2 - \mathrm{R}_\gamma^2\right)\left[\alpha + \sin\alpha - (\alpha' + \sin\alpha')\right].$$

En faisant $\alpha' = \pi$, $\alpha = 0$, on a l'aire W balayée par le rayon quand le point traçant décrit le demi-arc fondamental

$$\mathrm{W} = \frac{1}{8}\,\frac{\mathrm{R}_\gamma}{\mathrm{R}_\delta}\left(\mathrm{R}_\delta^2 - \mathrm{R}^2\right)\pi.$$

Dans le cas de la n-cycloïde ordinaire, le rayon du petit générateur étant pris pour unité,

$$\mathrm{R}_\delta = n, \qquad \mathrm{R}_\gamma = n - 2\varepsilon,$$
$$\mathrm{W} = \frac{1}{2}\,\frac{(n - 2\varepsilon)(n - \varepsilon)}{n}\,\pi.$$

L'aire totale de la courbe, étant égale à $2n\mathrm{W}$, a pour expression

$$\mathrm{C} = (n - \varepsilon)(n - 2\varepsilon)\,\pi.$$

L'aire du petit générateur étant égale à π, l'aire de la n-hypocycloïde est égale à $(n-1)(n-2)$ fois, et l'aire de la n-épicycloïde égale à $(n+1)(n+2)$ fois l'aire de leur petit générateur.

Si l'on prend pour unité d'aire l'aire du petit générateur, le directeur a pour aire n^2, et l'aire comprise entre le directeur et la courbe est égale à

$$n^2 - (n-1)(n-2) = 3n - 2 \qquad \text{(hypocycloïde)}$$

ou à

$$(n+1)(n+2) - n^2 = 3n + 2 \qquad \text{(épicycloïde)}.$$

L'aire comprise entre un arc fondamental et le directeur est donc égale à $3 \mp \dfrac{2}{n}$

Si n augmente indéfiniment, on voit que l'aire comprise entre un arc fondamental de cycloïde ordinaire (roulette de Pascal) et sa base est égale au triple de l'aire du cercle générateur.

8. En chacun de deux points d'une monoépicycloïde alignés avec son rebroussement et diamétralement opposés, ainsi qu'on l'a déjà remarqué (5) sur un même grand générateur, le centre de courbure et l'extrémité du segment rectificateur sont portés par le rayon issu du centre du directeur et uni à l'autre.

Il en est de même pour les deux points d'incidence d'une même tangente à la trihypocycloïde, points de contact de deux tangentes rectangulaires.

Ces deux courbes ont pour longueur seize fois le rayon de leur petit générateur ou quatre fois la longueur de leur segment caractéristique (compris entre les points d'incidence d'une sécante issue d'un rebroussement pour la première, d'une même tangente pour la seconde), segment égal au diamètre de leur grand générateur.

Elles ont respectivement pour aires le sextuple et le double de l'aire de leur petit générateur.

Leurs définitions tangentielles sont similaires : enveloppe de la droite de jonction des positions simultanées de deux mobiles qui se déplacent sur une même circonférence, la vitesse de l'un étant le double de celle de l'autre; s'ils se déplacent en sens contraire on a la trihypocycloïde, et dans le même sens, la monoépicycloïde.

Pour cette dernière, une tangente et la droite qui joint le sommet (point de coïncidence des deux mobiles) à l'extrémité de cette tangente correspondant au petit générateur, sont donc symétriques relativement au rayon de la glissière uni à ce point, et la monoépicycloïde est la caustique par réflexion sur sa glissière, de son sommet (situé sur cette glissière).

La caustique par réflexion sur une courbe plane d'un point X de son plan est la développée de la podaire, centro X, de la courbe homothétique de la première par l'homothétie doublante de centre X. Car le rayon réfléchi en un point de la courbe passe au symétrique de X relatif à la tangente en ce point, et est parallèle à la normale à la podaire décrite par la projection de X sur la tangente.

Les caustiques par réflexion sur un cercle (sauf le cas du point à l'infini qui donne la diépicycloïde ordinaire), sont donc des développées de limaçons de Pascal, et la propriété caustique de la monoépicycloïde concorde avec sa propriété d'être la développée d'une monoépicycloïde homothétique, ayant son sommet au rebroussement de la première.

Son petit générateur et son directeur étant symétriques relativement à leur tangente de contact, le point générateur porté par ce générateur et le rebroussement sont constamment symétriques relativement à cette tangente, et la monoépicycloïde est la podaire, relativement à son rebroussement V, du cercle tangent en V au directeur par contact direct, et de rayon double, c'est-à-dire la podaire de son grand générateur qui porte son rebroussement et son sommet.

Les points cycliques sont donc des points de rebroussement de la cardioïde (de même que la transformée quadratique ponctuelle d'une courbe qui touche un côté du triangle fondamental a un rebroussement au sommet opposé). X, Y, étant les points cycliques, T une tangente au cercle antipodaire, P la projection du rebroussement réel V sur cette tangente, le faisceau $[(PX, PY), (PV, PT)]$ est harmonique. Il en résulte que la trace sur l'axe des tangentes isotropes de rebroussement est le milieu du rayon du cercle antipodaire qui a son extrémité au rebroussement réel, c'est-à-dire le centre du directeur. Ce point, dénommé improprement jusqu'ici *centre de la cardioïde*, en est donc le foyer.

En utilisant la propriété de la cardioïde d'être la caustique de son sommet sur sa glissière, on voit que les tangentes parallèles à l'axe sont les côtés parallèles à l'axe de l'hexagone régulier inscrit à la glissière et qui a un sommet au sommet S de la courbe (*fig.* 5). La tangente perpendiculaire à l'axe est

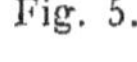

Fig. 5.

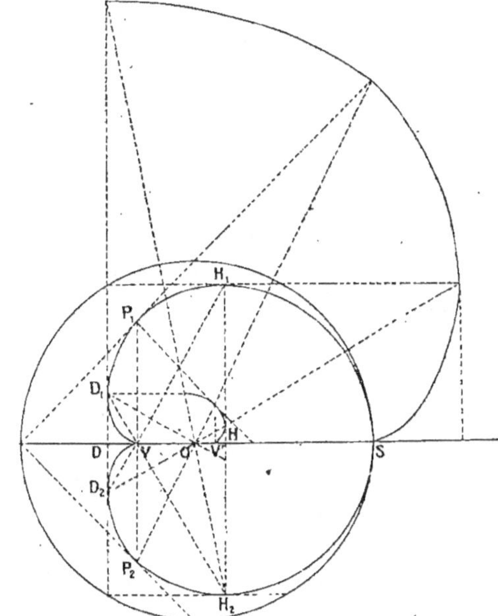

le côté d'un triangle équilatéral inscrit (diagonale secondaire de l'hexagone précédent) qui a son sommet opposé au sommet S de la courbe. Elle touche la courbe en deux points D_1, D_2 (tangente double), sommets d'un triangle équilatéral qui a son centre au rebroussement V et son troisième sommet au centre O du directeur, foyer de la courbe. Chacun de ces points D_1, D_2 est aligné avec le rebroussement V et le point de contact d'une tangente parallèle à l'axe, ce qui détermine ces derniers points, H_1, H_2. Les autres points remarquables sont les points P_1, P_2, situés sur la perpendiculaire à l'axe issue du rebroussement V; les tangentes en ces points sont inclinées à 45° sur l'axe (côtés du carré inscrit à la glissière et ayant un sommet sur l'axe); l'ordonnée de ces points est en valeur absolue égale au diamètre du directeur.

Supposant le rayon du directeur égal à 2, le rebroussement étant pris pour origine, $VO = 2$, $VS = 2 + 6 = 8$, $VD = -1$, $VH = -3$.

Les centres de courbure (sur la développée) et les pieds d'incidence normale (sur la développante) en H_1, P_1, D_1 s'obtiennent immédiatement en utilisant une remarque antérieure, H_1 et D_2, ainsi que P_1 et P_2 étant alignés avec le rebroussement.

Les points de contact des tangentes parallèles à l'axe séparent la périphérie de la courbe en deux parties d'égale longueur. En prenant pour unité le diamètre du grand générateur (cercle antipodaire), les longueurs des arcs SH_1, SP_1, SD_1, SV sont égales à $\sqrt{1}$, $\sqrt{2}$, $\sqrt{3}$, $\sqrt{4}$.

Le cercle égal au directeur et qui a son centre au rebroussement passe aux points de contact de la tangente double; la parabole qui a son foyer au rebroussement et passe aux points de contact de cette tangente double (ses tangentes en ces points passent au centre O du directeur, et son sommet est au quart, à partir du rebroussement, du rayon du directeur qui aboutit à ce point), polaire réciproque du cercle antipodaire relative au cercle considéré, est l'inverse de la cardioïde relative à son rebroussement, le cercle d'inversion étant le cercle considéré.

9. La forme d'un arc fondamental de cycloïde apparaît plus

nettement si on la suppose engendrée par le petit générateur, celui qui, dans le cas de l'hypocycloïde, a son diamètre inférieur au rayon du directeur, et qui, dans le cas de l'épicycloïde, roule par contact inverse sur le directeur.

Dans les deux cas, l'arc, normal au directeur en ses extrémités, et compris dans la couronne délimitée par le directeur et la glissière, admet pour axe de symétrie l'axe de symétrie de ses extrémités et vient toucher la glissière en un sommet situé sur cet axe. Il est en tout point convexe (hypocycloïde) ou concave (épicycloïde) vers le centre, le rayon de courbure, nul aux extrémités, augmentant constamment jusqu'au sommet, où il atteint la valeur ρ_S.

1° $2\,\mathrm{R}_g < \mathrm{R}_\delta$. (Hypothèse toujours vérifiée pour l'hypocycloïde.)

L'arc fondamental est simple, c'est-à-dire sans point double réel intrinsèque (hors ses extrémités et ses points d'intersection avec d'autres arcs similaires); le centre est extérieur à la région délimitée par l'arc et la corde qui unit ses extrémités, nous dirons que c'est un arc simple du premier type.

Si la cycloïde est rationnelle, $\dfrac{\mathrm{R}_g}{\mathrm{R}_\delta} = \dfrac{m}{n}$, $m < n$; m, n, premiers entre eux. On a une n-cycloïde (épi ou hypo), m-étoilée, à arc fondamental simple du premier type.

(Une cycloïde rationnelle est dite m-*étoilée* si les droites qui ferment ses arcs fondamentaux sont les côtés du polygone étoilé régulier d'espèce m, le polygone convexe étant d'espèce 1.)

Si $m > 1$, la cycloïde a des points doubles, provenant des intersections de ses arcs fondamentaux.

Si $m = 1$, on a les n-cycloïdes uniétoilées à arc simple du premier type, dites *n-cycloïdes ordinaires*.

2° $2\,\mathrm{R}_g = \mathrm{R}_\delta$; $m = 1$, $n = 2$: diépicycloïde ordinaire, formée de deux arcs simples à extrémités diamétralement opposées, symétriques l'un de l'autre relativement au diamètre de ces extrémités.

3° $\dfrac{\mathrm{R}_\delta}{2} < \mathrm{R}_g < \mathrm{R}_\delta$. — L'arc est toujours simple, mais le centre est intérieur à la région comprise entre l'arc et la corde de ses extrémités; nous dirons que c'est un arc simple du second type. Deux arcs juxtaposés se recoupant nécessairement, la cycloïde aura des points doubles réels en dehors de ses rebroussements.

Si elle est rationnelle, $\dfrac{R_g}{R_\delta} = \dfrac{m}{n}$, $\dfrac{n}{2} < m < n$, on a la n-épicycloïde $n - m$-étoilée à arcs simples du second type.

4° $R_g = R_\delta$: monoépicycloïde ordinaire.

5° $\dfrac{R_g}{R_\delta} = p + q$ (p entier, $q < 1$). — Quand le rayon, issu du centre et uni au point générateur, tourne autour du centre, le point générateur, à partir du rebroussement, s'éloigne du centre sur ce rayon, jusqu'à ce que la rotation effectuée atteigne l'amplitude $(p + q)\pi$; le rayon occupe alors la position de l'axe de symétrie de l'arc fondamental et le point atteint est un sommet (sur la glissière). Abstraction faite de ce point, l'axe de symétrie rencontrant le demi-arc fondamental en p points, l'arc total aura p entre-croisements sur cet axe. Suivant que $q < \dfrac{1}{2}$ ou $q > \dfrac{1}{2}$, l'arc sera dit du premier type ou du second type.

Si la cycloïde est rationnelle,

$$\frac{R_g}{R_\delta} = p + \frac{m}{n}.$$

Si $m < \dfrac{n}{2}$, n-épicycloïde, m-étoilée, arc fondamental à p entre-croisements et du premier type.

Si $m > \dfrac{n}{2}$, n-épicycloïde n-m-étoilée, arc fondamental à p entre-croisements et du second type.

Si $m = 0$, monoépicycloïde, à un rebroussement et $p - 1$ entre-croisements.

Les cycloïdes les plus intéressantes sont les n-cycloïdes que nous avons qualifié d'ordinaires, où le rayon du directeur est un multiple entier de celui du petit générateur.

Ce dernier étant pris pour unité, et ε représentant l'unité positive ou négative suivant qu'il s'agit d'une hypocycloïde ou d'une épicycloïde, on a

$$R_\delta = n, \qquad R_{g'} = 1, \qquad R_{g'} = n - \varepsilon, \qquad R_\gamma = n - 2\varepsilon.$$

Le petit générateur sera dit *principal*, et le grand *secondaire;* les extrémités correspondantes de la tangente sur la glissière seront distinguées en un point principal P et un point secondaire C, la vitesse de déplacement de ce dernier étant

$$(n - \varepsilon) - \text{uple}$$

de celle de P (P, C intiales des mots *piéton, cavalier*). Connaissant la glissière et une position simultanée des points P, C, les sommets de la n-cycloïde sont les n extrémités des arcs qui ont leur origine en P et qui sont les $n^{\text{ièmes}}$ parties des arcs ayant leur origine en P et leur extrémité en C (cas de l'hypocycloïde); dans le cas de l'épicycloïde, ce sont les symétriques de ces extrémités relatifs au diamètre uni à P.

Par tout point X de la glissière passe une seule tangente ayant son point principal en ce point. Si S est un sommet de la courbe, le second point X_c où cette tangente recoupe la glissière est l'extrémité d'un arc ayant son origine en S, de même sens qu'un arc SX ayant son origine en S et son extrémité en X (cas de l'épicycloïde) ou de sens contraire (hypocycloïde) et de longueur $(n + 1) - \text{uple}$ (premier cas) ou $(n - 1) - \text{uple}$ (second cas).

Par ce point X de la glissière, il passe, dans le cas de la n-épicycloïde, $n + 1$ tangentes ayant leur point secondaire en ce point et formant un faisceau régulier. Leurs points principaux X_{p_i} sont les $n + 1$ extrémités des arcs qui ont leur origine en S et qui sont les $(n + 1)^{\text{ièmes}}$ parties des arcs ayant leur origine en S et leur extrémité en X.

Dans le cas de la n-hypocycloïde, il y passe $n - 1$ tangentes ayant leur point secondaire en ce point, et formant aussi un faisceau régulier; leurs points principaux sont les symétriques, relatifs au diamètre uni à S, des $n - 1$ extrémités des arcs qui ont leur origine en S et qui sont les $(n - 1)^{\text{ièmes}}$ parties des arcs ayant leur origine en S et leur extrémité en X.

La n-épicycloïde est donc de $(n+2)^{ièmes}$ classe, et la n-hypo-cycloïde, de $n^{ième}$ classe.

(La trihypocycloïde et la monoépicycloïde ordinaire sont toutes deux de troisième classe.)

Le rayon de courbure au sommet et la longueur du demi-arc fondamental sont

$$\rho_s = \frac{\left| R_\varepsilon^2 - R_\gamma^2 \right|}{R_\gamma} = 4\,\frac{n-\varepsilon}{n-2\varepsilon},$$

$$\sigma_\gamma = 4\,\frac{n-\varepsilon}{n}.$$

L'arc compris entre deux rebroussements est donc égal à $8\left(1+\dfrac{1}{n}\right)$ pour l'épicycloïde, et à $8\left(1-\dfrac{1}{n}\right)$ pour l'hypocycloïde.

Dans le cas limite où n devient infini, la directrice est rectiligne et l'on a la cycloïde proprement dite ou roulette de Pascal, qui a pour longueur, entre deux rebroussements voisins, huit fois la longueur du rayon de son générateur.

La longueur totale de l'épicycloïde est $8\,(n+1)$ fois, et celle de l'hypocycloïde $8\,(n-1)$ fois celle du rayon de son générateur principal.

Si le rayon du générateur diminue indéfiniment, la courbe devient asymptote au directeur; en prenant pour unité le rayon de ce directeur, sa longueur est $8\left(1+\dfrac{1}{n}\right)$ ou $8\left(1-\dfrac{1}{n}\right)$; elle tend non vers 2π, longueur du directeur, mais vers 8.

En fonction de l'angle α des rayons du générateur unis l'un au point traçant, l'autre au centre de la courbe, le rayon de courbure et le segment rectificateur en un point A sont

$$\rho_A = 4\,\frac{n-\varepsilon}{n-2\varepsilon}\cos\frac{\alpha}{2},$$

$$\sigma_A = 4\,\frac{n-\varepsilon}{n}\sin\frac{\alpha}{2}.$$

En fonction de l'angle β de la rotation par laquelle on passe d'un générateur portant un rebroussement voisin au générateur qui porte le point A,

$$\rho_{A} = 4\,\frac{n - \varepsilon}{n - 2\varepsilon}\,\cos\frac{n\beta}{2},$$

$$\sigma_{A} = 4\,\frac{n - \varepsilon}{n}\,\sin\frac{n\beta}{2}.$$

10. Terminons cet aperçu par le rappel de quelques propriétés du mouvement dihypocycloïdal et de l'hypocycloïde à quatre rebroussements.

Quand un cercle roule par contact direct sur un cercle de rayon double, les trajectoires des points du générateur sont les diamètres du directeur.

Le générateur passant constamment en effet au centre du directeur (la glissière se réduit ici à ce centre), l'angle au centre du directeur dont un rayon passe au point de contact des deux cercles et l'autre au point générateur est inscrit au générateur, de sorte que les arcs interceptés par cet angle sur les deux cercles ont même longueur, ce qui établit la proposition.

Le mouvement dihypocycloïdal sera donc identique au mouvement engendré par un segment de longueur invariable (corde arbitraire du générateur) dont les extrémités sont guidées par deux glissières rectilignes (diamètres du directeur).

Réciproquement, en effet, si les extrémités X, Y d'un segment constant glissent sur deux droites concourant en O, le cercle circonscrit à XOY est de grandeur invariable (égal au cercle lieu du sommet d'un angle constant égal à XOY, dont les côtés sont unis aux extrémités d'un segment égal au segment donné). Il touche par contact direct le cercle de centre O et de rayon double, et comme un point X du premier cercle décrit un diamètre OX du second, le premier roule sans glissement sur le dernier (l'angle *au centre* du second formé par une glissière OX et le rayon uni au contact des deux cercles étant *inscrit* au premier, les arcs interceptés par cet angle sur les deux cercles ont même longueur).

Les extrémités d'un diamètre du générateur glissent sur deux diamètres *rectangulaires* du directeur.

Dans le mouvement dihypocycloïdal, la trajectoire d'un point arbitraire (point invariablement lié à un cercle qui roule intérieurement sur un cercle de rayon double, ou à un segment constant guidé par deux glissières rectilignes) est la trajectoire d'un *point du support d'un segment constant* (diamètre du générateur uni à ce point), dont les extrémités sont guidées par deux glissières rectilignes *rectangulaires* (diamètres du directeur).

Cette trajectoire est une ellipse dont les axes sont dirigés suivant les glissières rectangulaires, et ont pour demi-longueurs les deux segments a, b, déterminés par le point traçant P sur le segment générateur qui le porte (*fig.* 6).

Fig. 6.

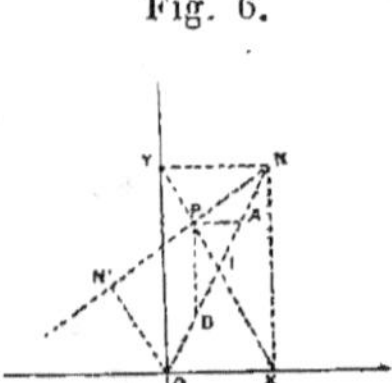

Car les parallèles aux deux glissières rectangulaires menées par le point traçant P rencontrent le rayon issu du point de concours O des glissières et uni au milieu I du segment mobile en deux points A, B, qui décrivent chacun un cercle de centre O, les rayons de ces deux cercles étant respectivement égaux aux deux segments partiels a, b, déterminés par le point traçant. On est ainsi ramené à la description de l'ellipse au moyen des deux cercles concentriques qui la touchent en ses sommets.

Les perpendiculaires aux glissières menées par les extrémités du segment mobile concourent avec OI en N sur le cercle de centre O et de rayon $a + b$ égal au segment. Ce point, centre instantané de rotation, appartient à la normale en P à l'ellipse décrite par ce point. La symétrique de OIN relative aux glissières, parallèle au segment mobile, rencontre cette normale PN en N′, et $ON' = 2\,IP = 2\left(\dfrac{a+b}{2} - b\right) = a - b$. Le point N′ décrit le cercle de centre O, de rayon $a - b$.

Donc, si deux points N, N′ tournent autour d'un centre commun O avec des vitesses angulaires égales et de sens contraires sur des cercles concentriques de rayons R, R′, la droite NN′ de jonction de leurs positions simultanées reste normale à un ellipse de centre O qui a pour demi-axes R + R′, R — R′.

Le milieu I du segment mobile décrivant le cercle de centre O et de diamètre égal au segment, le mouvement peut encore être défini comme engendré par un segment constant guidé par deux glissières, l'une rectiligne, l'autre circulaire, ayant son centre sur la première et son rayon égal au segment.

Il résulte de ce qui a été dit antérieurement (ö) que l'enveloppe d'un diamètre du générateur est une hypocycloïde à à quatre rebroussements.

On voit d'ailleurs directement que l'enveloppe d'un segment constant, dont les extrémités X, Y glissent sur deux axes rectangulaires OX, OY, est l'hypocycloïde à quatre rebroussements qui a son centre en O, ses quatre rebroussements sur les axes, le rayon de son directeur étant égal au segment.

En effet, P étant le milieu du segment XY, N le point de concours des perpendiculaires aux axes en X et Y (centre instantané de rotation), A la projection de N sur le segment (point de contact du segment sur son enveloppe), G le milieu de PN, le cercle circonscrit à PAN a son centre en G et pour rayon le quart de ON, c'est-à-dire le quart du segment XY. Il touche par contact direct en N le cercle de centre O et de rayon quadruple ON, et la bissectrice de l'angle (GN, GA) [supposé décrit par GN en sens inverse de l'angle (OX, ON) décrit par OX] étant parallèle à XY,

$$(GN, GA) = \quad 2(XY, ON),$$
$$(XY, ON) = -2(OX, ON),$$

d'où

$$(GN, GA) = -4(OX, ON),$$

ce qui établit la proposition.

Le segment XY et le rayon de la glissière de l'hypocycloïde qui passe au milieu P (point principal) de XY sont également inclinés sur les axes rectangulaires OX, OY, qui portent les rebroussements, propriété qui définit la quadrihypocycloïde. Un point P décrivant en effet un cercle de centre O (glissière), si par ce point on mène une droite dont la direction soit symétrique de celle de OP relativement à une direction arbitraire donnée, le segment de cette droite, intercepté par les parallèles issues de O à la direction donnée et à la direction perpendiculaire, est constant et double de OP.

Si deux directions sont symétriques relativement à une troisième, l'une des premières et la perpendiculaire à l'autre de ces premières sont symétriques relativement aux bissectrices de la troisième et de la perpendiculaire à cette troisième. [Cette proposition qui se démontre immédiatement n'est qu'un cas particulier du théorème de Hesse et est parfois utile dans certains problèmes élémentaires conce rnantl'hyperbole équilatère.]

La tangente à la glissière en un point arbitraire et la tangente à l'hypocycloïde qui a ce point pour point principal sont donc symétriquement inclinées sur les axes qui portent les sommets de la courbe (bissectrices des axes qui portent les rebroussements) et cette propriété définit inversement l'hypocycloïde à quatre rebroussements.

La corde commune à une ellipse et à son cercle osculateur, et la tangente au point d'osculation étant symétriquement inclinées sur les axes de l'ellipse, et cette tangente pouvant être considérée comme la projection d'une tangente au cercle décrit sur le grand axe comme diamètre, on voit que la creuzcurve, enveloppe des cordes communes à une ellipse et à ses cercles osculateurs, peut être considérée comme la projection orthogonale d'une hypocycloïde à quatre rebroussements, ayant pour glissière le cercle décrit sur le grand axe comme diamètre, et pour axes portant les rebroussements les bissectrices des axes de l'ellipse (axes de rebroussement qui se projettent en position et en grandeur suivant les diagonales du rectangle des tangentes aux sommets).

CHAPITRE II.

PROPRIÉTÉS TANGENTIELLES DE L'HYPOCYCLOÏDE
A TROIS REBROUSSEMENTS.

---

1. Premier mode dérivé de génération tangentielle. — **2.** Tangentes rectangulaires. — **3.** Points d'incidence d'une tangente. — **4.** Deuxième et troisième modes dérivés de génération tangentielle. — **5.** Tangentes concourantes, triangles de leurs points principaux et secondaires, triangle des tangentes qui leur sont perpendiculaires, quadrangle orthocentrique circonscrit. — **6.** Droites qui unissent les points de contact des paires de côtés opposés d'un tel quadrangle, et tangentes aux points d'incidence de trois tangentes concourantes. — **7.** Tangentes de contact d'une conique tritangente. — **8.** Tangentes au sommet de paraboles inscrites à un triangle donné (droites de Simson); axes de ces paraboles; asymptotes (transversales réciproques rectangulaires) et axes d'hyperboles équilatères circonscrites; axes de paraboles circonscrites. — **9.** Normales.

1. La glissière de l'hypocycloïde à trois rebroussements est égale à son générateur. Cette glissière s'appellera ici le *cercle jacobien de l'hypocycloïde*, parce qu'elle est la jacobienne du réseau ponctuel à droite double d'hyperboles équilatères, dont l'hypocycloïde est la cayleyenne.

Conformément à la définition tangentielle générale, la trihypocycloïde est l'enveloppe de la droite de jonction PC des positions simultanées de deux mobiles P, C (principal et secondaire) qui se déplacent en sens inverse sur le jacobien, la vitesse de C étant double de celle de P.

Les segments déterminés sur une tangente par le générateur et le jacobien étant ici égaux et opposés, le point de contact A d'une tangente et son point secondaire C sont symétriques relativement au point principal P, trace du rayon commun au jacobien et au générateur principal correspondant.

Les parallèles à chacune de deux tangentes $P_1 C_1$, $P_2 C_2$, menées par le point principal de l'autre, se coupent sur le jacobien ([1]).

Il en résulte immédiatement le premier mode dérivé de génération tangentielle :

Par le point principal P d'une tangente arbitraire PC, on mène une sécante variable PM recoupant le jacobien en M; la parallèle par M à la tangente donnée PC recoupe le jacobien en P_μ; la parallèle à PM par ce point P_μ est tangente à la courbe et a son point principal en P_μ.

On voit ainsi qu'il y a une tangente unique parallèle à une direction donnée (la courbe étant de troisième classe, la droite de l'infini est une tangente double; ses contacts sont les points cycliques, puisque la courbe, transformée isogonale du cercle inscrit au triangle de ses rebroussements, ainsi qu'on le verra au Chapitre III, contient ces points).

REMARQUE I. — De la propriété d'où l'on a déduit ce mode de description, il résulte aussi que l'angle de deux tangentes est égal à l'angle inscrit au jacobien et dont les côtés sont unis aux points principaux de ces tangentes.

REMARQUE II. — Le cercle qui passe au point de concours X et aux points principaux P_1, P_2 de deux tangentes est donc égal au jacobien (symétrique du jacobien relatif à la corde $P_1 P_2$), propriété qui permet de construire les autres tangentes issues d'un point X d'une tangente donnée : les deux cercles égaux au jacobien, qui passent tous deux en X et au point principal P de la tangente donnée, recoupent ce jacobien l'un en P_1, l'autre en P_2; les droites XP_1, XP_2 sont tangentes à l'hypocycloïde et ont leurs points principaux en P_1, P_2. Nous donnerons bientôt deux autres constructions.

REMARQUE III. — Le triangle de trois tangentes arbitraires

([1]) En un point M milieu d'un arc ayant ses extrémités en C_1, C_2, milieu tel que arc $C_1 M = -$ arc $P_1 P_2$, arc $C_2 M = -$ arc $P_2 P_1$.

est semblable au triangle de leurs points principaux, inscrit au premier, et aussi au jacobien.

2. Il résulte de la remarque I que deux tangentes sont rectangulaires, si leurs points principaux sont diamétralement opposés sur le jacobien. Leur point de concours appartient alors à ce dernier (qui est ainsi le lieu des centres des couples de tangentes rectangulaires), et ce point est le point secondaire de chacune d'elles.

(Nous avons vu également que par tout point de la glissière de la cardioïde passent deux tangentes rectangulaires, dont les contacts sont alignés avec le rebroussement; mais ce cercle ne constitue pas, comme la glissière de l'hypocycloïde, le lieu complet des points de concours des tangentes rectangulaires, car une tangente à la cardioïde a trois tangentes qui lui sont rectangulaires.)

Par un point X du jacobien passent trois tangentes : l'une, XX_c, ayant son point principal en X, et deux autres (rectangulaires) ayant même point secondaire en X, et pour points principaux

Fig. 7.

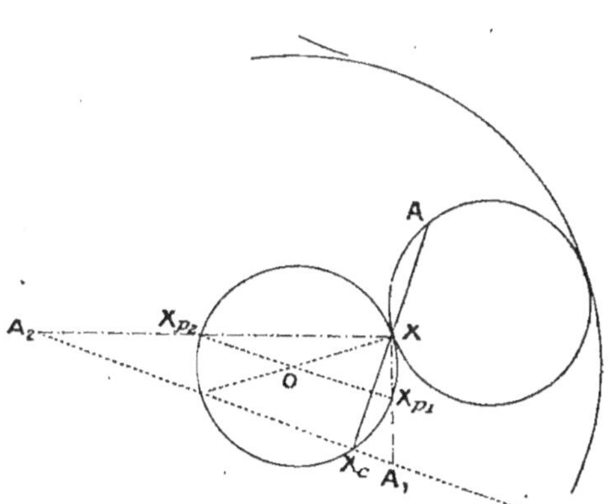

cipaux les milieux Xp_1, Xp_2 (diamétralement opposés) des deux arcs supplémentaires sous-tendus par la première tangente. Celle-ci est donc perpendiculaire au diamètre qui unit les points principaux des deux autres (on verra que cette propriété se généralise pour trois tangentes concourantes arbitraires), et ces dernières sont les bissectrices de l'angle formé par la première avec la tangente en X au jacobien (*fig.* 7).

3. La tangente perpendiculaire à XX_c passe au point diamétralement opposé à X (point principal) et, étant parallèle au diamètre Xp_1 Xp_2, rencontre les tangentes rectangulaires XXp_1, XXp_2 issues de X aux points A_1, A_2, symétriques de X relativement à leurs points principaux Xp_1, Xp_2, c'est-à-dire aux points de contact de ces tangentes, et le segment A_1A_2 est égal au double du diamètre Xp_1 Xp_2.

On a donc cette propriété :

Une tangente arbitraire à l'hypocycloïde la touchant en un point A la rencontre en deux autres points A_1, A_2, appelés *points d'incidence* de cette tangente : les tangentes qui ont leurs contacts en ces points d'incidence sont rectangulaires et concourent sur le jacobien avec la tangente rectangulaire à la tangente donnée, au point diamétralement opposé du point principal de celle-ci; le segment compris entre les points d'incidence de cette tangente a pour milieu son point principal et est égal au double du diamètre du jacobien.

4. Soient Δ_1, Δ_2 deux tangentes à l'hypocycloïde; X leur point de concours; P_1, P_2; C_1, C_2 leurs points principaux et secondaires (*fig.* 8). Joignons deux points d'espèces différentes, soit P_2 et C_1; les angles en C_1 et en X du triangle C_1P_2X sont égaux (1, Remarque I). Donc :

1° $P_2 C_1$ et la tangente Δ_2 (ou $P_2 X$) sont également inclinées sur la tangente Δ_1 (ou $C_1 X$);

2° $P_2 C_1 = P_2 X$.

Suivant que l'on considère l'hypocycloïde comme définie par la tangente Δ_1 ou comme définie par la tangente Δ_2, il en résulte deux nouveaux modes dérivés de génération tangentielle pour une hypocycloïde définie par son jacobien, une tangente Δ, et ses points P, C, principal et secondaire.

Deuxième mode dérivé. — Par le point secondaire C de la tangente donnée, on mène une sécante arbitraire recoupant le jacobien en P_λ, et par ce point une droite $P_\lambda X$, dont la direction soit symétrique de celle de la sécante relativement à la direction de la tangente donnée. Cette droite $P_\lambda X$ est tangente à l'hypocycloïde et a son point principal en P_λ.

(On voit encore ainsi qu'il y a une tangente unique parallèle à une direction donnée; son point principal s'obtient en menant par le point secondaire d'une tangente arbitraire une sécante au jacobien, ayant une direction symétrique de la direction donnée relativement à la direction de la tangente auxiliaire.)

Fig. 8.

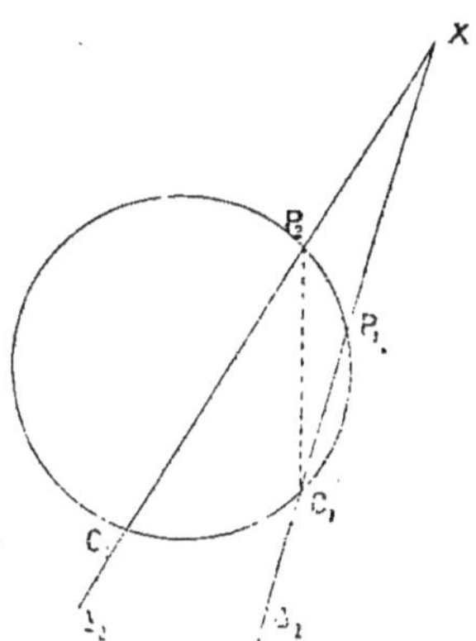

Troisième mode dérivé. — Un cercle ayant son centre au point principal P de la tangente donnée Δ et passant en un point variable C_λ du jacobien rencontre Δ en deux points X, X'; les droites rectangulaires $C_\lambda X$, $C_\lambda X'$ sont tangentes à l'hypocycloïde et ont leur point secondaire en C_λ.

REMARQUE I. — On voit ainsi que sur toute tangente, les traces de deux tangentes rectangulaires sont symétriques relativement au point principal de la première.

REMARQUE II. — Le premier et le deuxième mode déterminent : l'un à partir du point *principal* P, l'autre à partir du point *secondaire* C d'une tangente donnée PC, la tangente qui a son point *principal* en un point donné P_λ du jacobien. Le troisième mode détermine, à partir du point *principal* P de la tangente donnée, les deux tangentes (rectangulaires) qui ont pour point *secondaire* un point donné C_λ.

5. Si l'on se propose de mener par un point X d'une tangente donnée PC les autres tangentes à la courbe, on voit qu'elles se déterminent aisément soit par leurs points principaux P_λ, situés sur l'axe de symétrie du couple (C, X) (deuxième mode), soit par leurs points secondaires C_λ, situés sur le cercle de centre P qui passe en X (troisième mode).

Par tout point X d'une tangente donnée passent donc en général deux autres tangentes.

REMARQUE I. — La construction déduite du deuxième mode montre que chacune des trois tangentes concourantes est perpendiculaire à la corde du jacobien qui unit les points principaux des deux autres et est rencontrée par cette corde au milieu du segment limité par son point principal et son point de concours avec les deux autres.

REMARQUE II. — La construction déduite du troisième mode montre que le point principal de chacune d'elles est au milieu d'un arc (du jacobien) qui a pour extrémités les points secondaires des deux autres.

REMARQUE III. — Les deux autres tangentes issues de X ne sont réelles que si l'axe de symétrie du couple (C, X) rencontre le jacobien. Le point X doit pour cela être intérieur au segment limité par les symétriques du point secondaire C relatif aux tangentes au jacobien perpendiculaires à la tangente donnée, et il sera dit dans ce cas intérieur à l'hypocycloïde. Les deux extrémités de ce segment, par chacune desquelles ne passe qu'une seule autre tangente à la courbe, sont les points d'incidence de la tangente donnée sur l'hypocycloïde, et l'on retrouve cette propriété que ce segment est le double du diamètre du jacobien et a pour milieu le point principal P de la tangente donnée. On arrive aussi facilement aux mêmes résultats en supposant les tangentes obtenues par les constructions déduites du premier ou du troisième mode.

Trois tangentes concourantes sont les hauteurs du triangle de leurs points principaux inscrit au jacobien (5, Remarque I), et sont aussi bissectrices du triangle de leurs points secondaires, également inscrit au jacobien (5, Remarque II).

Les tangentes perpendiculaires à trois tangentes concourantes, ayant chacune même point secondaire que celle des premières à laquelle elle est perpendiculaire, sont donc aussi bissectrices du triangle de leurs points secondaires et forment un triangle dont les hauteurs sont les tangentes concourantes perpendiculaires. Leurs points principaux sont alors les milieux des côtés de leur triangle, puisque les deux sommets de chaque côté de ce triangle sont les traces de deux tangentes rectangulaires (4, Remarque I).

Trois tangentes concourantes ou perpendiculaires à trois tangentes concourantes (caractérisées en tout cas par la propriété d'être bissectrices du triangle de leurs points secondaires) forment donc avec les tangentes qui leur sont perpendiculaires un quadrangle orthocentrique circonscrit à la courbe, ayant pour cercle circonscrit à son triangle conjugué (cercle des neuf points) le cercle jacobien. Les points principaux des côtés de ce quadrangle sont les milieux de leurs segments, et leurs points secondaires, les sommets du triangle conjugué.

On voit d'ailleurs aisément, en se reportant au second mode dérivé, que les six côtés d'un quadrangle orthocentrique (côtés et hauteurs d'un même triangle) touchent une même hypocycloïde qui a pour jacobien le cercle circonscrit au triangle conjugué de ce quadrangle (cercle des neuf points), le milieu de chaque segment du quadrangle étant le point principal de ce côté, le point secondaire étant le sommet du triangle conjugué uni à ce côté.

La droite qui joint un sommet du triangle conjugué au milieu d'un segment du quadrangle non uni à ce sommet est en effet la médiane principale d'un triangle rectangle ayant ce segment pour hypoténuse, et pour côtés rectangulaires les côtés rectangulaires du quadrangle qui passent en ce point. La droite mentionnée et le côté du quadrangle envisagé sont donc symétriquement inclinés sur les côtés rectangulaires.

Réciproquement, tout quadrangle dont les six côtés touchent une même hypocycloïde est orthocentrique.

Si l'on considère en effet trois côtés concourants d'un quadrangle circonscrit, le triangle de leurs points principaux et le triangle des points principaux des trois autres côtés non concourants ont leurs côtés deux à deux parallèles, car chaque tangente du premier triple, hauteur du premier triangle, est aussi concourante avec deux tangentes du second triple, et par suite perpendiculaire à la corde qui unit les points principaux de ces dernières.

Ces deux triangles à côtés parallèles étant inscrits au jacobien ont nécessairement leurs sommets deux à deux diamétralement opposés, d'où il suit que les tangentes du premier triple et celles du second sont deux à deux perpendiculaires.

6. Nous appellerons *tangentielle* d'une tangente donnée la seconde tangente à l'hypocycloïde issue du point de contact de la première.

Une tangente ayant un point de contact et deux points d'incidence a une tangentielle et est la tangentielle de deux autres tangentes (rectangulaires et ayant pour point secondaire commun le point principal de la tangente perpendiculaire).

Les tangentielles de trois côtés d'un quadrangle circonscrit sont concourantes (les trois autres côtés ont mêmes tangentielles que les premiers, ces tangentielles étant les droites qui unissent les points de contact des paires de côtés opposés du quadrangle); leur point de concours est le symétrique de l'orthocentre du triangle conjugué du quadrangle (triangle des points secondaires de ses côtés), relativement au centre de l'hypocycloïde.

Considérons en effet le quadrangle circonscrit MNUV (*fig.* 9).

La droite $A_1 A_2$, qui unit les points de contact des côtés rectangulaires NU, MV, est parallèle au diamètre $P_1 P_2$ du jacobien qui unit leurs points principaux, et passe au point diamétralement opposé de leur point de concours C (ce point C, secondaire commun à ces deux tangentes, est un sommet du triangle conjugué du quadrangle). ·

Fig. 9.

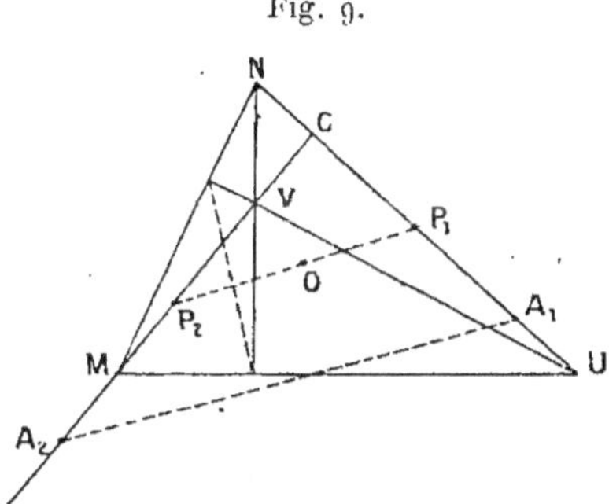

Ce diamètre $P_1 P_2$ est perpendiculaire au côté du triangle conjugué opposé à C, puisque (Remarque II) chaque point P_1 ou P_2 est milieu d'un arc (du jacobien) des deux autres points secondaires.

La droite $A_1 A_2$ étant donc parallèle à la hauteur du triangle conjugué issue de C, et passant au symétrique de C relatif au centre O du jacobien, est la symétrique de cette hauteur relativement à ce centre.

Les trois droites analogues à $A_1 A_2$, qui sont les tangentielles en question, concourent donc au symétrique de l'orthocentre du triangle conjugué du quadrangle, relativement au centre de l'hypocycloïde.

Réciproquement, les tangentes qui ont leurs contacts aux points d'incidence de trois tangentes concourantes sont les six côtés d'un même quadrangle.

Car les deux paires de tangentes qui ont leurs contacts aux points d'incidence de deux des tangentes données, étant formées de droites rectangulaires, le troisième couple de côtés opposés du quadrangle qui a ces deux paires pour paires de côtés opposés est aussi formé de deux tangentes rectangulaires, etla droite qui unit les points de contact de ces deux dernières est, d'après ce qui précède, la troisième tangente issue du point de concours des deux premières tangentes données.

7. Trois côtés non concourants d'un quadrangle circonscrit sont les tangentes de contact d'une conique tritangente à l'hypocycloïde.

Il s'agit de prouver que les droites qui unissent chaque sommet du triangle de ces tangentes au point de contact du côté opposé sont concourantes.

Ces tangentes ayant pour points principaux les milieux des côtés et pour points secondaires les pieds des hauteurs de leur triangle, cela résulte de ce que les points de contact sont les symétriques des pieds des hauteurs relatifs aux milieux des côtés, ou, comme on dit, les isotomiques des pieds des hauteurs.

Le point de concours des droites envisagées, centre d'inscription de la conique tritangente, est le transformé de l'orthocentre du triangle, par l'inversion non centrée qui a pour triangle fondamental le triangle des tangentes données, et qui laisse inaltéré son centre de gravité (ainsi que les sommets du triangle homologiquement circonscrit à côtés parallèles).

Remarque. — Les pieds des hauteurs sont les projections orthogonales de l'orthocentre, les milieux des côtés sont les projections orthogonales du centre du cercle circonscrit; les points de contact sont donc les projections orthogonales du symétrique de l'orthocentre relatif au centre du cercle circonscrit, c'est-à-dire les projections de l'orthocentre du triangle homologiquement circonscrit au premier à côtés parallèles.

Donc, les normales à l'hypocycloïde, aux points de contact d'une conique tritangente, concourent à l'orthocentre du triangle homologiquement circonscrit au triangle des tangentes de contact, et à côté parallèles à ces tangentes.

8. Il résulte du troisième mode dérivé de génération tangentielle (Chap. II, 4), que l'hypocycloïde est l'enveloppe des éléments

de couples de droites rectangulaires dont le point de concours décrit un cercle fixe (jacobien) et dont les traces sur une droite donnée (tangente à la courbe) sont symétriques relativement à l'un des points communs au cercle et à la droite (point principal).

On sait que les projections orthogonales d'un point d'un cercle sur les trois côtés d'un triangle inscrit sont alignées sur une droite, dite droite de Simson de ce point et relative au triangle, tangente au sommet de la parabole inscrite au triangle et qui a son foyer en ce point.

(On voit immédiatement que les axes des paraboles inscrites touchent l'hypocycloïde tangente aux côtés du quadrangle orthocentrique formé par les bissectrices du triangle ABC donné, et ayant pour jacobien le cercle circonscrit à ce triangle, le foyer situé sur un axe étant le point principal correspondant. Car l'axe passant en un foyer F situé sur ce cercle et la droite FA ont des directions symétriques relativement aux bissectrices de l'angle A.)

Si β, γ; β', γ' sont les projections orthogonales de deux points F, F' du cercle sur les côtés issus du sommet A (*fig.* 10),

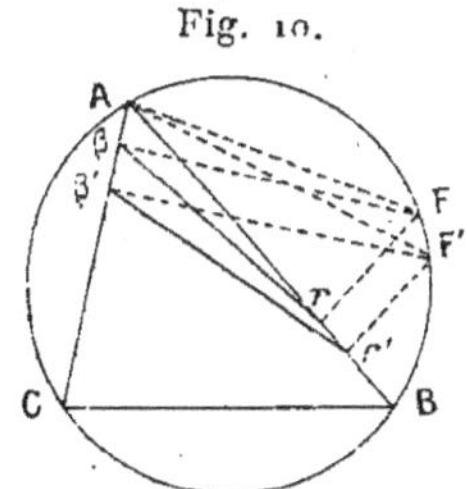

Fig. 10.

l'angle des droites de Simson, $\beta\gamma$, $\beta'\gamma'$, est égal à la différence des angles $F\hat{\beta}\gamma$, $F'\hat{\beta}'\gamma'$ que forment ces droites avec les parallèles $F\beta$, $F'\beta'$.

Ces angles étant respectivement égaux à $F\hat{A}\gamma$, $F'\hat{A}\gamma'$ (les quadrangles $A\beta F\gamma$, $A\beta'F'\gamma'$ étant inscriptibles), l'angle des droites de Simson de F et de F' est égal à $F\hat{A}F'$ ($F\hat{A}F' = F\hat{A}\gamma - F'\hat{A}\gamma'$), c'est-à-dire à l'angle inscrit au cercle et dont les côtés sont unis à F et à F'.

Cet angle devient donc droit, et les droites de Simson rectangulaires si les points F et F' sont diamétralement opposés.

Les traces de ces droites sur chaque côté du triangle (projections orthogonales de F et de F' sur ce côté) sont alors symétriques relativement au milieu de ce côté (projection du centre Ω, milieu de FF'), et ces droites sont deux transversales réciproques rectangulaires, ou encore deux asymptotes d'une même hyperbole équilatère circonscrite au triangle ABC.

Le point de concours X de deux transversales réciproques rectangulaires décrit, comme on sait, le cercle des neuf points du triangle ABC.

[Les droites qui joignent un tel point X aux milieux A'B'C' des côtés ABC sont en effet les médianes principales de trois triangles rectangles dont les hypoténuses sont portées par les côtés ABC, les côtés rectangulaires étant les deux transversales considérées. Les directions de ces médianes principales étant symétriques de celles des hypoténuses relativement aux côtés rectangulaires, les angles sous lesquels on voit de ce point X les segments du triangle A'B'C' sont égaux ou supplémentaires aux angles de ABC, par conséquent aux angles de A'B'C'. Les points qui jouissent de cette propriété sont ceux du cercle circonscrit à A'B'C' (cercle des neuf points de ABC), ainsi que le point commun aux trois cercles symétriques du premier relativement aux côtés de A'B'C'. Mais ce dernier point, orthocentre de A'B'C' et centre du cercle circonscrit à ABC, est évidemment étranger au lieu, car s'il y passait deux transversales réciproques rectangulaires, les médianes envisagées, actuellement axes de symétrie des couples de sommets de ABC, étant ici perpendiculaires aux hypoténuses, chacune d'elles devrait être bissectrice de l'angle droit des transversales].

Les droites de Simson d'un triangle (tangentes au sommet de paraboles inscrites, asymptotes d'hyperboles équilatères circonscrites) touchent donc une même trihypocycloïde, tangente aux côtés et aux hauteurs du triangle, et admettant pour jacobien le cercle des neuf points.

Réciproquement, relativement au triangle de trois côtés non

concourants d'un quadrangle circonscrit arbitraire, tout autre tangente est une droite de Simson (tangente au sommet de parabole inscrite), les perpendiculaires aux côtés du triangle, aux points où ils sont rencontrés par cette tangente, concourant en un point du cercle circonscrit. Une telle droite est aussi asymptote d'une hyperbole équilatère circonscrite au triangle, et les hyperboles équilatères qui ont pour asymptotes les couples de tangentes rectangulaires forment un réseau ponctuel à droite double (droite de l'infini), ayant pour cayleyenne l'hypocycloïde et pour jacobienne son cercle jacobien. Toute hyperbole de ce réseau est circonscrite à une infinité de quadrangles circonscrits à l'hypocycloïde, toute hyperbole circonscrite à l'un de ces quadrangles appartient au réseau, et les sommets des triangles conjugués de ces quadrangles, ainsi que les milieux de leurs six segments, décrivent le cercle jacobien.

L'enveloppe des axes de ces hyperboles, bissectrices des couples de tangentes rectangulaires, est l'hypocycloïde symétrique de la première relativement à son centre.

Si l'on considère en effet les deux hypocycloïdes symétriques décrites par deux points diamétralement opposés d'un même générateur principal, les tangentes correspondant à une même position du générateur sont rectangulaires, et ont même point principal au contact X de ce générateur avec le jacobien. Envisageons alors les paires de tangentes rectangulaires issues de X à chacune de ces hypocycloïdes : les diamètres du jacobien qui portent les points principaux des tangentes de ces paires, étant chacun perpendiculaire à la tangente associée qui a son point principal en X, sont rectangulaires, et les tangentes de chacune de ces paires sont les bissectrices des tangentes de l'autre paire.

L'enveloppe des axes des paraboles circonscrites à un triangle (nous avons déjà parlé des axes des paraboles inscrites) est aussi une trihypocycloïde, qui a pour jacobien le cercle circonscrit au triangle des milieux des médianes (cercle des neuf points du triangle des milieux des côtés), et pour quadrangle circonscrit le quadrangle orthocentrique dont trois sommets sont les milieux des côtés.

Remarquons d'abord que le segment de l'axe d'une parabole ayant pour extrémité la trace de l'axe de symétrie de deux points arbitraires de cette parabole, et pour origine la projection orthogonale du milieu de ces deux points, a un vecteur constant (égal au paramètre de la parabole).

Car pour une translation parallèle à l'axe de la parabole et qui amène sur la parabole le milieu du couple envisagé, l'axe de symétrie du couple devient la normale en ce point (la tangente en ce point étant parallèle à la corde des deux points donnés), et le segment en question devient une sous-normale.

Un axe de parabole circonscrite à un triangle ABC est donc une droite telle que l'homographie binaire qui transforme sur cette droite les projections orthogonales des milieux A'B'C', des côtés dans les projections de ces milieux par le point de concours Ω des axes de symétrie des couples (A, B), B, C), (C, A) (centre du cercle circonscrit à ABC et orthocentre de A'B'C') soit une homographie parabolique ayant son point double à l'infini.

Si une droite est asymptote d'une hyperbole équilatère circonscrite à un triangle A'B'C', la direction perpendiculaire et l'orthocentre Ω de ce triangle appartiennent à cette hyperbole, et prenant ces deux éléments comme centres de deux radiées homographiques dont deux rayons homologues projettent un même point de l'hyperbole, on voit que sur l'asymptote considérée, les projections orthogonales des sommets du triangle inscrit A'B'C' se transforment dans leurs projections faites par l'orthocentre Ω de ce triangle, par une homographie parabolique ayant son point double au point de contact de l'asymptote, c'est-à-dire à l'infini.

Les axes des paraboles circonscrites à un triangle sont donc les asymptotes des hyperboles équilatères circonscrites au triangle des milieux des côtés, ce qui établit la proposition.

9. Pour ce qui concerne les normales à la trihypocycloïde, il n'y a qu'à se reporter à ce qui a été dit pour le cas général, exposé dans l'aperçu préliminaire.

Rappelons que si l'on considère les deux points d'incidence A_1, A_2, d'une même tangente $A_1 A_2$, c'est-à-dire les points de contact de deux tangentes rectangulaires $A_1 T$, $A_2 T$ (diamétralement opposés sur un même générateur secondaire), le centre de courbure ρ_i ($i = 1, 2$) et l'extrémité σ_i du segment rectificateur en chacun de ces points sont portés par le rayon issu du centre et uni à l'autre point (*fig.* 11).

Fig. 11.

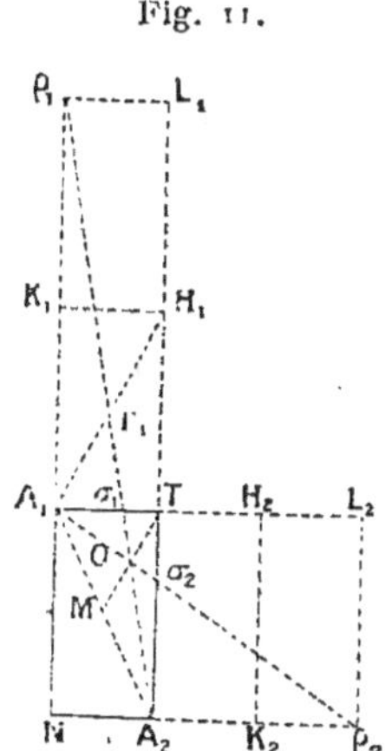

Les tangentes rectangulaires en A_1, A_2 se coupant en T, et les normales en N, le segment rectificateur $A_i \sigma_i$ est les $\frac{2}{3}$ du segment $A_i T$ de la tangente en A_i qui a son origine en A_i et son extrémité en T, sur la tangente en l'autre point A; le rayon de courbure $A_i \rho_i$ est égal et opposé au double du segment $A_i N$ de la normale en A_i qui a son origine en A_i et son extrémité en N, sur la normale en l'autre point A.

Construisons en effet sur $A_i T$ comme côté le rectangle $A_i T H_i K_i$, symétrique du rectangle $A_i T A_j N$ des tangentes et des normales aux points A, et sur $K_i H_i$ comme côté, le rectangle $K_i H_i L_i \rho_i$, symétrique du précédent (*fig.* 11).

Le centre O de l'hypocycloïde étant au milieu de la médiane principale MT du triangle rectangle $A_1 T A_2$ (milieu du segment qui joint les milieux de $A_1 T$ et de $A_2 T$, points principaux

de ces tangentes), la droite $A_j O$ passant au milieu de MT passe
au milieu F_i de $A_i H_i$, centre du rectangle total $A_j N \rho_i L_i$;
elle contient donc le sommet opposé ρ_i de ce rectangle, qui est
le centre de courbure en A_i :

$$A_i \rho_i = - 2 A_i N.$$

Le point σ_i étant le point de concours de deux médianes
$A_j F_i$, $A_i T$ du triangle $A_i H_i A_j$;

$$A_i \sigma_i = \frac{2}{3} A_i T.$$

La droite $\rho_1 \rho_2$ qui joint les centres de courbure en A_1 et en A_2,
portant les contacts, sur l'hypocycloïde développée, des normales rectangulaires en A_1, A_2, est tangente à cette développée,
c'est-à-dire normale à l'hypocycloïde donnée. On voit immédiatement que son point d'incidence sur cette dernière est le
point de contact de la troisième tangente issue de T, perpendiculaire à $A_1 A_2$.

On peut observer que le cercle de diamètre $A_i N$ contient la
projection I du point de concours N des normales en A_1, A_2, sur
la tangente $A_1 A_2$, point de contact de cette tangente.

On a donc cette propriété :

Le cercle qui touche l'hypocycloïde en un point A et passe
au point de contact de la seconde tangente issue de A est quatre
fois plus petit que le cercle osculateur en A, ces deux cercles
étant situés de part et d'autre de leur tangente commune.

Les normales aux points d'incidence et de contact d'une
même tangente sont concourantes (sur le directeur).

Plus généralement, ainsi qu'on l'a vu (Chap. II, 7, Remarque),
les normales aux points de contact de trois côtés non concourants d'un quadrangle circonscrit arbitraire sont concourantes.

Les expressions du rayon de courbure et du segment rectificateur deviennent ici, le rayon du générateur principal étant
pris pour unité, α et β désignant des angles antérieurement

définis :

$$\rho_A = 8 \cos \frac{\alpha}{2} = 8 \cos \frac{3\beta}{2},$$

$$\sigma_A = \frac{8}{3} \sin \frac{\alpha}{2} = \frac{8}{3} \sin \frac{3\beta}{2};$$

$$\rho s = 8,$$

$$\sigma_V = \frac{8}{3}.$$

Pour la cardioïde,

$$\rho_A = \frac{8}{3} \cos \frac{\alpha}{2} = \frac{8}{3} \cos \frac{\beta}{2},$$

$$\rho_A = 8 \sin \frac{\alpha}{2} = 8 \sin \frac{\beta}{2};$$

$$\rho s = \frac{8}{3},$$

$$\sigma_V = 8.$$

OBSERVATION. — Les propriétés exposées dans ce Chapitre sont plutôt des propriétés tangentielles de l'hypocycloïde; elles s'étendent pour la plupart (en ce qui concerne du moins les propriétés projectives) aux courbes générales de troisième classe, qui sont des cayleyennes de réseaux ponctuels de coniques.

Les propriétés qui seront exposées dans les Chapitres suivants dérivent de ce que la courbe de troisième classe à tangente double est la transformée quadratique ponctuelle d'une conique inscrite au triangle fondamental de la transformation.

CHAPITRE III.

HYPOCYCLOÏDE, INVERSE DU CERCLE INSCRIT AU TRIANGLE DE SES REBROUSSEMENTS.

1. Inversion de Steiner où se correspondent ce cercle et l'hypocycloïde. — 2. Inversions centrées où se correspondent ces deux courbes. — 3. Problèmes sur le cercle inverse. — 4. Lieu du point de concours des tangentes à l'hypocycloïde en ses points communs avec une conique circonscrite aux rebroussements et passant en un quatrième point fixe situé : 1º sur le cercle directeur; 2º au centre du triangle des rebroussements; 3º sur un côté de ce triangle; généralisation. — 5. Équations de l'hypocycloïde, propriété de la parabole polaire d'une droite et généralisation.

1. Dans l'inversion non centrée (inversion de Steiner) qui a pour triangle fondamental un triangle équilatéral donné et qui laisse inaltéré le centre de figure de ce triangle, centre du cercle inscrit (ainsi que les sommets du triangle circonscrit à côtés parallèles, centres des cercles ex-inscrits), inversion où les projetantes de deux points correspondants par chaque sommet du triangle sont symétriques relativement à l'axe issu de ce sommet, l'hypocycloïde qui a ses rebroussements aux sommets du triangle et le cercle inscrit à ce triangle se correspondent.

Ce cercle, concentrique au directeur et au jacobien (et qu'il ne faut pas confondre avec le jacobien, son rayon étant la moitié du rayon du cercle circonscrit aux rebroussements, tandis que celui du jacobien en est le tiers), s'appellera le *cercle inverse de l'hypocycloïde*.

Nous allons établir qu'un point A de l'hypocycloïde, et le symétrique A_i relativement à son centre du milieu du rayon du directeur, qui a son extrémité au contact du générateur principal attaché au point A, sont deux points inverses,

Lemme I. — Si par un point A de l'hypocycloïde on mène une parallèle au rayon du directeur uni au centre du générateur qui porte ce point (ainsi qu'aux points de contact de ce générateur avec le directeur et le jacobien), le segment de cette parallèle compris entre le point A et chaque axe est égal au segment de cet axe compris entre le rebroussement et la trace sur cet axe de la tangente en A.

Soit APCT une tangente (*fig,* 12) : A, point de contact; P, C,

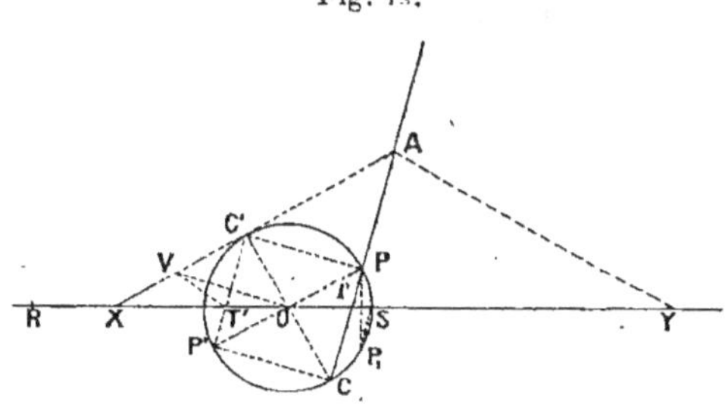

Fig. 12.

points principal et secondaire; T, trace sur un axe ROS; R, rebroussement; O, centre; S, sommet de l'hypocycloïde. Le rayon du jacobien étant égal à r, on a

$$RO = 3\,OS = 3r$$
$$\text{arc } SC = -\,2\,\text{arc}\,SP.$$

Le symétrique P_1 du point principal P relatif à l'axe étant au milieu de l'arc SC, la corde SP_1 est parallèle à la tangente APC; il en résulte cette remarque incidente : Un axe, et le symétrique relatif à cet axe du rayon qui joint le centre au point principal d'une tangente arbitraire, ont des directions symétriques relativement à la direction de cette tangente.

P', C', T' étant les symétriques de P, C, T relatifs au centre O ($PCP'C'$, rectangle inscrit au jacobien), joignons AC', qui coupe l'axe en X.

A et C' étant symétriques de C relativement à P et à O, AC' est parallèle à OP, c'est donc la droite mentionnée dans l'énoncé, et l'on a

$$AC' = 2\,PO = 2\,r.$$

Les côtés $C'P$, $C'P'$ du rectangle $PCP'C'$ sont les bissectrices des droites CC' et AC' (car CC', diagonale du rectangle, et AC', parallèle à l'autre diagonale, ont des directions symétriques relativement aux côtés du rectangle).

La perpendiculaire menée par O à la tangente CP et à sa parallèle $C'P'$ coupe AC' en V, et

$$C'V = C'O = r.$$

Le point T' appartenant à la bissectrice-hauteur $C'P'$ du triangle isoscèle $VC'O$, le triangle $VT'O$ est aussi isoscèle ; donc :

$$1° \qquad T'V = T'O ;$$

2° l'axe $T'O$ et la droite $T'V$ ayant des directions symétriques relativement à la direction $T''C'$ de la tangente PC, cette droite $T'V$ et la droite AV, parallèle au rayon qui passe au point principal de la tangente, ont des directions symétriques relativement à l'axe (réciproque de la remarque incidente). Donc

$$VX = T'V = T'O = OT.$$

Finalement,

$$AX = AC' + C'V + VX = 2r + r + OT = 3r + OT = RO + OT = RT.$$

C. Q. F. D.

Lemme II. — Si par un point A de l'hypocycloïde on mène une droite AY dont la direction soit symétrique, relativement à un axe, de la direction du rayon qui passe au point principal de la tangente en A, le segment AY de cette droite compris entre le point A et l'axe est la moitié du segment RY de l'axe, compris entre cette droite et le rebroussement.

La tangente en A et la parallèle menée par A au rayon envisagé rencontrant l'axe en T et en X, on a (lemme I)

$$RT = AX = AY ;$$

la droite mentionnée dans l'énoncé et l'axe étant symétriquement inclinés sur la tangente en A (remarque incidente), on a

$$AY = TY,$$

d'où

$$RY = RT + TY = 2AY. \qquad \text{C. Q. F. D.}$$

Conclusion. — La droite RA rencontre le rayon OP_1 symétrique de OP et parallèle à la droite AY du lemme précédent en un point A'_i, les points P_1 et A'_i étant situés de part et d'autre du centre O (cela résulte de ce que le point de contact A et le point principal P d'une tangente sont situés du même côté de chaque axe), et le segment OA'_i est égal en valeur absolue à la moitié de RO. Donc

$$OA'_i = -\frac{3}{2} OP_1.$$

Les symétriques des projetantes de A par les rebroussements, relativement aux axes issus de ces rebroussements, concourent donc sur le rayon OP, au point A_i tel que

$$OA_i = -\frac{3}{2} OP. \qquad \text{C. Q. F. D.}$$

2. Par l'inversion centrée (inversion où deux points correspondants sont alignés avec un centre fixe et conjugués dans une réciprocité polaire donnée) qui a pour centre un sommet d'un triangle équilatéral donné, et pour conique directrice le cercle passant aux deux autres sommets et tangent en ces points aux côtés issus du premier sommet (cercle symétrique du cercle circonscrit relativement au côté opposé à ce sommet), l'hypocycloïde qui a ses rebroussements aux sommets du triangle et le cercle inscrit se correspondent.

Il suffit d'établir que l'inversion non centrée précédemment envisagée, suivie d'une symétrie relative à l'axe du triangle issu du sommet R_1 considéré, équivaut à l'inversion de centre R_1 qui a pour directrice le cercle passant aux sommets R_2, R_3, et à l'orthocentre O du triangle.

A étant un point arbitraire du plan, soient A_i son correspondant dans l'inversion non centrée, et A_s le symétrique de A_i relativement à l'axe R_1 O : les points A et A_s sont alignés avec R_1, et il s'agit de montrer qu'ils sont conjugués au cercle circonscrit à $R_2 R_3 O$ (*fig.* 13).

$R_2 A$ et $R_2 A_i$ recoupant ce cercle en A' et A'_i, la corde $A' A'_i$

est parallèle à R_2R_3 (puisque l'axe R_2O est bissectrice des droites R_2A et R_2A_i). La droite R_3A', symétrique de $R_2A_iA_i$ relativement à l'axe R_1O, contient le symétrique A_s de A_i relatif à cet axe.

Fig. 13.

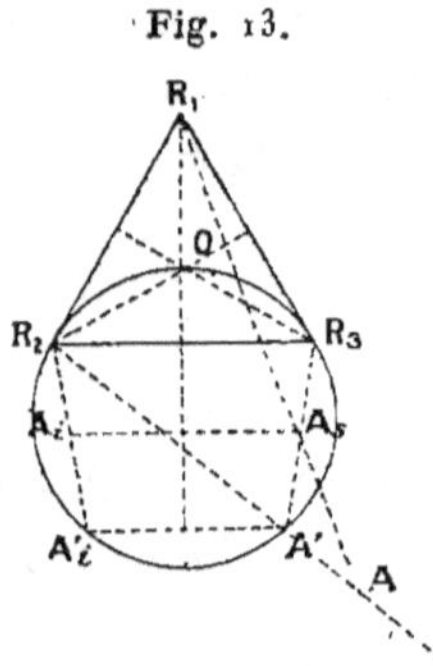

Les points A, A_s, alignés avec R_1, sont alors les traces sur leur droite de support des projetantes par deux points R_2, R_3 du cercle, d'un même point A' de ce cercle, les droites R_2R_3 et AA_s étant conjuguées à ce cercle (puisque AA_s contient le pôle R_1 de R_2R_3); les points A et A_s sont donc aussi conjugués à ce cercle (corollaire du théorème de Frégier).

Note. — Nous verrons au Chapitre suivant (2) que, connaissant la polaire trilinéaire Δ (ici droite de l'infini) d'un point O relative à un triangle $R_1\,R_2\,R_3$, on passe d'un point arbitraire à sa polaire trilinéaire par une inversion non centrée de triangle fondamental $R_1\,R_2\,R_3$ et n'altérant pas le point O, suivie d'une transformation polaire dans la réciprocité conjuguée au triangle $R_1\,R_2\,R_3$ et qui admet pour éléments correspondants le point O et la droite Δ.

Il en résulte immédiatement que l'hypocycloïde est le lieu des pôles trilinéaires, relatifs au triangle de ses rebroussements, des tangentes au cercle circonscrit à ce triangle, la polaire trilinéaire d'un point de l'hypocycloïde étant la tangente de contact de son directeur avec le générateur principal qui porte ce point.

Nous avons vu à propos de la cardioïde (Chap. I, 8) que si l'on prend pour cercle d'inversion le cercle (égal au directeur) qui a son centre au rebroussement et passe aux contacts de la tangente double, la courbe se transforme par inversion ordinaire dans la parabole qui a son foyer au rebroussement et passe aux contacts de la tangente double. Cette parabole correspond projectivement au cercle inverse de l'hypocycloïde, cercle et parabole étant tous deux inscrits au triangle des rebroussements, et portant les contacts de la tangente double, le pôle de cette droite étant le point de concours des tangentes de rebroussement.

La cardioïde et sa parabole inverse se correspondent également dans l'inversion non centrée où deux points inverses sont conjugués aux hyperboles équilatères concentriques ayant leur centre au rebroussement, foyer de la parabole, et passant au centre du directeur, foyer de la cardioïde.

Le pôle trilinéaire d'une droite, relatif au triangle formé par un point R et les points cycliques, s'obtient en prenant la symétrique de cette droite relativement au centre R, et le symétrique de R relativement à cette symétrique.

La cardioïde étant le lieu des symétriques de son rebroussement réel R, relatifs aux tangentes à son directeur, est aussi le lieu des pôles trilinéaires, relatifs au triangle de son rebroussement réel et de ses rebroussements cycliques, des tangentes au symétrique du cercle directeur relativement au rebroussement réel R. Ce cercle, qu'on peut appeler son *cercle trilinéaire*, correspond projectivement au directeur de l'hypocycloïde : les deux cercles sont circonscrits aux rebroussements, passent aux contacts de la tangente double, le pôle de cette droite étant toujours le point de concours des tangentes de rebroussement.

Au directeur de la cardioïde correspond projectivement chacune de trois hyperboles circonscrites aux rebroussements de l'hypocycloïde, la touchant en deux de ces rebroussements et ayant le troisième pour sommet.

A la glissière de la cardioïde correspond chacune de trois,

ellipses tritangentes à l'hypocycloïde, en deux des rebrousse-ments et au sommet porté par la tangente au troisième rebrous-sement.

Le jacobien de la cardioïde, correspondant à la glissière de l'hypocycloïde, est une hyperbole de même axe, ayant un sommet au sommet réel de la courbe, passant aux contacts de la tangente double, ses tangentes en ces points étant unies au centre du directeur, foyer de la cardioïde.

3. Le cercle inscrit à un triangle équilatéral est le transformé de son centre par transversales réciproques relativement à ce triangle.

Une tangente en I au cercle inscrit (*fig.* 14) rencontrant en

Fig. 14.

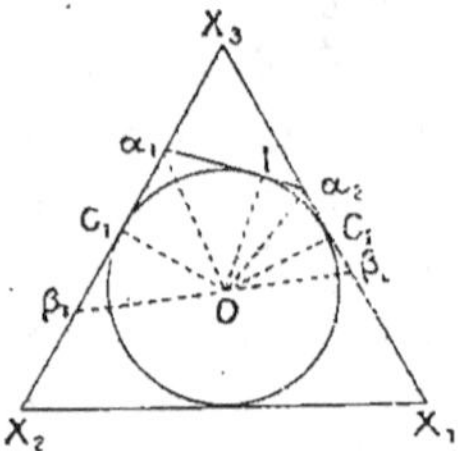

effet deux côtés du triangle en α_1, α_2, et β_1, β_2, étant les symé-triques de α_1, α_2, relativement aux contacts C_1, C_2 du cercle sur ces côtés, l'angle $I\hat{O}C_1$ est le double, et l'angle $I\hat{O}\beta_1$ est le triple de l'angle $I\hat{O}\alpha_1$. De même, l'angle $I\hat{O}C_2$ est le double, et l'angle $I\hat{O}\beta_2$ est le triple de l'angle $I\hat{O}\alpha_2$. Donc l'angle $\beta_1\hat{O}\beta_2$ est le triple de la moitié de l'angle $C_1\hat{O}C_2$. Comme celui-ci est égal à $\frac{2\pi}{3}$, l'angle $\beta_1\hat{O}\beta_2$ est égal à π, et les points β_1, O, β_2 sont alignés.

Deux transversales réciproques d'un triangle équilatéral forment une paire de cordes communes au cercle inscrit et à une conique circonscrite à ses sommets, puisque leurs traces sur chaque côté forment un couple de l'involution qui a un point double au contact du cercle inscrit et où se correspondent les sommets situés sur ce côté.

Donc une conique circonscrite aux rebroussements d'une hypocycloïde et qui touche son cercle inverse, conique inverse de la tangente à l'hypocycloïde au point inverse du contact sur le cercle inscrit, a pour seconde corde commune avec ce cercle un diamètre de ce cercle, transversale réciproque de leur tangente de contact.

Réciproquement, les points d'incidence d'une tangente à l'hypocycloïde et le centre appartiennent à une même conique (hyperbole équilatère) circonscrite aux rebroussements, inverse d'un diamètre du cercle inscrit.

Le quatrième point, commun au cercle circonscrit et à une conique circonscrite touchant en un point A le cercle inscrit, est le symétrique P′ du centre O relatif à A.

En effet (*fig.* 15), P′ étant le symétrique (sur le cercle cir-

Fig. 15.

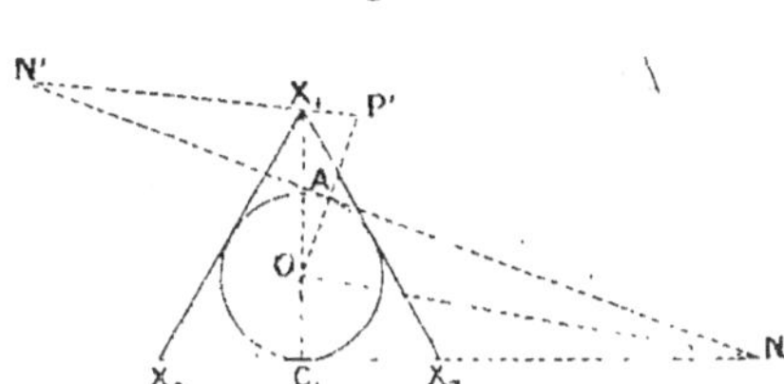

conscrit) de O relatif à A, la tangente en A au cercle inscrit rencontre la projetante $X_1 P'$ et le côté $X_2 X_3$ en N′, N, symétriques relativement à A.

Car ON, bissectrice extérieure de l'angle en O du triangle isocèle $X_1 OP'$, est parallèle à la base $X_1 P'$ de ce triangle.

L'involution définie sur NN′ par le quadrangle $X_1 X_2 X_3 P'$ ayant deux couples (N, N′ et le couple porté par le cercle circonscrit) admettant chacun pour centre de symétrie le point A, ce point est un point double de l'involution.

La conique circonscrite à $X_1 X_2 X_3 P'$ et qui passe en A touche donc en ce point la tangente au cercle inscrit.

Si trois coniques circonscrites à $X_1 X_2 X_3$ et tangentes au cercle inscrit sont concourantes : 1° la seconde corde commune de chacune d'elles avec le cercle inscrit est le diamètre de ce cercle uni au point de concours de ses tangentes de contact avec les deux autres (axe de symétrie de ces points de contact); 2° le quatrième point de concours de ces coniques est le centre polaire, relatif au cercle inscrit, du triangle de leurs points de contact (point de Lemoine de ce triangle).

1° Γ_1, Γ_2, Γ_3 étant trois coniques circonscrites tangentes en A_1, A_2, A_3, au cercle inscrit I, l'involution déterminée sur la corde commune au cercle et à Γ_3 par le faisceau ponctuel (Γ_1, Γ_3) est la même que celle déterminée par le faisceau (Γ_1, I), laquelle est à son tour déterminée par le cercle I, et le couple formé du centre O et de la trace I_1 de la tangente au cercle en A_1 (traces d'un couple de cordes communes à Γ_1 et à I).

De même, l'involution déterminée sur le diamètre considéré par le faisceau ponctuel (Γ_2, Γ_3) est déterminée par le cercle I et le couple formé du centre O et de la trace T_2 de la tangente en A_2.

Si les coniques Γ_1, Γ_2, Γ_3 forment un faisceau, ces involutions doivent se confondre, et T_1 coïncider avec T_2.

2° A_1, A_2, A_3 étant les contacts sur le cercle inscrit de trois coniques tangentes à ce cercle, circonscrites à $X_1 X_2 X_3$ et appartenant à un même faisceau, et B_1, B_2, B_3, les sommets du triangle des tangentes de contact, homologiquement circonscrit à $A_1 A_2 A_3$, les droites $A_i B_i$ concourent en L, centre polaire de ces triangles (point de Lemoine de $A_1 A_2 A_3$), et le diamètre OB_i est la seconde corde commune au cercle et à la conique Γ_i tangente en A_i (d'après 1°).

La conique Γ_i passant au symétrique P_i de O relatif à A_i, et le cercle I au symétrique A'_i de A_i relatif à O, la conique Γ_i est la transformée du cercle I par l'homologie de centre A_i et d'axe OB_i, qui transforme A'_i en P_i. Soit N le second point où la droite $A_i L B_i$ rencontre le cercle.

Si ω est le point à l'infini du diamètre OA_i, A'_i est l'harmonique de A_i relatif au couple (O, ω), et P_i est l'harmonique de O relatif au couple (A_i, ω).

De même, λ étant la trace de $A_i B_i$ sur $A_j A_k$, N est l'harmonique de A_i relatif au couple (B_i, λ) (λ étant sur la polaire $A_j A_k$ de B_i), et L est l'harmonique de B_i relatif au couple (A_i, λ).

Donc les deux quintuples $A_i O \omega A_i' P_i$, $A_i B_i \lambda NL$, et par suite les deux quadruples $A_i OA_i' P_i$, $A_i B_i NL$ sont projectifs.

Donc chaque conique Γ_i passe en L.   C. Q. F. D.

Il résulte de la première partie que si la corde qui unit sur le cercle inscrit les contacts de deux coniques circonscrites tangentes à ce cercle conserve une direction fixe, leur quatrième point commun décrit une conique circonscrite tangente au cercle, et ayant pour seconde corde commune le diamètre perpendiculaire à cette direction (et pour tangente de contact la transversale réciproque de ce diamètre).

Terminons par un petit problème, proposé sous une forme à peine différente, il y a une vingtaine d'années, par Ch. Michel, dans le *Bulletin de Mathématiques spéciales*.

Étant donnés deux points X_1, X_2 diamétralement opposés sur un cercle de centre O, quelle est l'enveloppe des coniques passant en X_1, X_2, et circonscrites aux triangles équilatéraux circonscrits à ce cercle ?

L'enveloppe comprend d'abord le cercle donné d'après ce qui précède.

Les sommets des triangles équilatéraux circonscrits décrivent le cercle concentrique de rayon double ; les coniques envisagées sont seulement astreintes à passer en X_1, X_2, à toucher le premier cercle en un point variable A, et à contenir le point P' du second symétrique de O relatif à A.

$Y_1 Y_2$ étant le diamètre de ce dernier perpendiculaire à $X_1 X_2$, la parallèle par A à $Y_1 Y_2$ et la parallèle par P' à $X_1 X_2$ se coupent en R. Si A', A'' sont les seconds points de rencontre du cercle avec AO et AR, la conique étant la transformée du cercle par l'homologie de centre A et d'axe $X_1 X_2$ qui transforme A' en P' passera en R (transformé de A'', puisque $A' A''$ et $P' R$ sont parallèles à l'axe) sa tangente en ce point concourant sur l'axe avec la tangente au cercle en A″, par conséquent avec la tangente au cercle en A.

Cette construction étant justement celle d'un point et de la tangente en ce point de l'ellipse qui a pour axes $X_1 X_2$ et $Y_1 Y_2$ (au moyen des cercles concentriques qui la touchent en ses sommets), on voit que l'enveloppe comprend aussi l'ellipse qui a pour axes le diamètre donné du cercle donné et le diamètre perpendiculaire du cercle de rayon double.

4. Si l'on considère les coniques circonscrites aux rebroussements d'une hypocycloïde et passant en son centre (hyperboles équilatères), les deux autres points de rencontre de chacune d'elles avec la courbe sont, ainsi qu'on l'a déjà dit (Chap. III, 3), les points d'incidence d'une même tangente. Les tangentes à la courbe en ces deux points sont rectangulaires, et leur point de concours décrit le jacobien, qui est une conique tritangente à l'hypocycloïde.

Si l'on considère les coniques circonscrites au rebroussement et qui passent en un point fixe C du cercle circonscrit, leurs inverses sont des droites parallèles à la direction inverse de C (perpendiculaires au diamètre polaire trilinéaire de C). Les deux coniques circonscrites au triangle et touchant le cercle inscrit en ses points de rencontre avec l'une de ces droites, se coupant, ainsi qu'on l'a vu, sur la conique circonscrite qui touche le cercle inscrit suivant la transversale réciproque du diamètre perpendiculaire, il en résulte que le point de concours des deux tangentes à l'hypocycloïde aux points où elle est rencontrée par une des coniques primitivement envisagées, décrit la tangente à l'hypocycloïde qui a son contact au pôle trilinéaire de la tangente en C au cercle circonscrit (point porté par le générateur qui touche le directeur en P).

Cette tangente, associée à la droite de l'infini, constitue encore une conique tritangente à l'hypocycloïde.

Examinons encore le cas où le faisceau de coniques circonscrites au triangle des rebroussements a son quatrième point fixe sur un côté de ce triangle. Autrement dit, une droite variable issue d'un rebroussement de l'hypocycloïde la rencontrant en deux points, quel est le lieu des points de concours des tangentes en ces deux points ?

La solution a déjà été donnée pour la cardioïde et son rebroussement réel : c'est la glissière de la cardioïde. Donc, pour l'hypocycloïde, ce sera l'ellipse (Chap. III, 2, Note) touchant la courbe en ses deux autres rebroussements, et au sommet porté par l'axe uni au rebroussement considéré : encore une conique tritangente.

La proposition générale sera établie au Chapitre V.

Une conique variable circonscrite aux rebroussements de l'hypocycloïde et passant en un quatrième point fixe du plan rencontrant la courbe en deux autres points, le point de concours des tangentes à la courbe en ces deux points décrit une conique tritangente.

(Les deux coniques circonscrites qui touchent chacune l'hypocycloïde en l'un ou en l'autre de ces deux points se coupent d'ailleurs sur une conique circonscrite fixe, propriété correspondant aux propriétés polaires du cercle inverse : les tangentes à ce cercle, aux deux points d'incidence d'une droite variable unie à un point fixe concourent sur une droite fixe, polaire du point.)

5. Une droite unie au centre de l'hypocycloïde, ce centre étant pris pour point-unité et le triangle des rebroussements pour triangle fondamental, a pour coordonnées λ, μ, ν, ces nombres vérifiant la relation

$$(1) \qquad \lambda + \mu + \nu = 0.$$

La transversale réciproque de la droite a pour coordonnées

$$u = \frac{1}{\lambda}, \qquad v = \frac{1}{\mu}, \qquad w = \frac{1}{\nu}.$$

Ce sont les équations tangentielles du cercle inscrit, λ, μ, ν vérifiant la relation (1).

Son pôle trilinéaire, point du cercle circonscrit, a pour coor-

données
$$x = \frac{1}{\lambda}, \qquad y = \frac{1}{\mu}, \qquad z = \frac{1}{\nu}.$$

Le point de concours de deux tangentes au cercle inscrit, correspondant aux valeurs λ_1, μ_1, ν_1 ; λ_2, μ_2, ν_2, des paramètres a pour équation
$$\lambda_1 \lambda_2 u + \mu_1 \mu_2 v + \nu_1 \nu_2 w = 0$$

[car, par exemple, en y faisant
$$u = \frac{1}{\lambda_1}, \qquad v = \frac{1}{\mu_1}, \qquad w = \frac{1}{\nu_1},$$

elle se réduit à
$$\lambda_2 + \mu_2 + \nu_2 = 0,$$

équation vérifiée d'après (1)].

Ce point de concours a donc pour coordonnées
$$x = \lambda_1 \lambda_2, \qquad y = \mu_1 \mu_2, \qquad z = \nu_1 \nu_2.$$

Le point de contact sur le cercle inscrit d'une tangente correspondant au système de valeurs λ, μ, ν a donc pour coordonnées
$$[x = \lambda^2, \qquad y = \mu^2, \qquad z = \nu^2.$$

De même, la tangente au cercle circonscrit au point
$$x = \frac{1}{\lambda}, \qquad y = \frac{1}{\mu}, \qquad z = \frac{1}{\nu}$$

a pour coordonnées
$$u = \lambda^2, \qquad v = \mu^2, \qquad w = \nu^2.$$

Le point de l'hypocycloïde, inverse du point précédent du cercle inscrit, ou pôle trilinéaire de la tangente précédente au cercle circonscrit, a pour coordonnées
$$x = \frac{1}{\lambda^2}, \qquad y = \frac{1}{\mu^2}, \qquad z = \frac{1}{\nu^2}.$$

La tangente en ce point à l'hypocycloïde est l'inverse de la conique circonscrite qui touche le cercle inscrit au point inverse.

Le cercle inscrit ayant pour équation

$$I = (x + y + z)^2 - 4(yz + zx + xy)$$
$$= x^2 + y^2 + z^2 - 2yz - 2zx - 2xy = 0,$$

la conique envisagée a pour équation

$$x^2 + y^2 + z^2 - 2yz - 2zx$$
$$- 2xy - (\lambda x + \mu y + \nu z)\left(\frac{x}{\lambda} + \frac{y}{\mu} + \frac{z}{\nu}\right) = 0,$$

ou

$$\left(\frac{\mu}{\nu} + \frac{\nu}{\mu} + 2\right)yz + \left(\frac{\nu}{\lambda} + \frac{\lambda}{\nu} + 2\right)zx + \left(\frac{\lambda}{\mu} + \frac{\mu}{\lambda} + 2\right)xy = 0,$$

ou

$$\lambda(\mu + \nu)^2 yz + \mu(\nu + \lambda)^2 zx + \nu(\lambda + \mu)^2 xy = 0,$$

ou, en tenant compte de (1),

$$\lambda^3 yz + \mu^3 zx + \nu^3 xy = 0.$$

La tangente à l'hypocycloïde au point correspondant au système (λ, μ, ν) a donc pour équation

$$\lambda^3 x + \mu^3 y + \nu^3 z = 0$$

ou pour coordonnées

$$u = \lambda^3, \qquad v = \mu^3, \qquad w = \nu^3.$$

La relation (1) donne

$$0 = (\lambda + \mu + \nu)^3 = \lambda^3 + \mu^3 + \nu^3 + 6\lambda\mu\nu$$
$$+ 3[\lambda^2(\mu + \nu) + \mu^2(\nu + \lambda) + \nu^2(\lambda + \mu)],$$

et comme

$$\mu + \nu = -\lambda, \qquad \ldots,$$
$$\lambda^3 + \mu^3 + \nu^3 = 3\lambda\mu\nu.$$

Élevant au cube,

$$(\lambda^3 + \mu^3 + \nu^3)^3 = 27\lambda^3\mu^3\nu^3,$$

et remplaçant λ^3, μ^3, ν^3, par u, v, w,

$$(u + v + w)^3 - 27uvw = 0,$$

équation tangentielle de l'hypocycloïde rapportée à ses rebroussements, le centre étant pris pour point unité.

[L'équation ponctuelle s'obtient aisément, comme celle de l'inverse du cercle inscrit. Cette équation est

$$(y z + z x + x y)^2 - 4 x y z (x + y + z) = 0.]$$

Considérant le premier membre de l'équation tangentielle, les tiers des dérivées partielles, relatives à u, v, w, sont

$$\frac{1}{3} f'_u = (u + v + w)^2 - 9 v w,$$

$$\frac{1}{3} f'_v = (u + v + w)^2 - 9 w u,$$

$$\frac{1}{3} f'_w = (u + v + w)^2 - 9 u v.$$

La conique polaire tangentielle d'une droite Δ, de coordonnées a, b, c (conique qui touche les tangentes à l'hypocycloïde aux points d'incidence de la droite), a pour équation tangentielle

$$a f'_u + b f'_v + c f'_w = (a + b + c)(u + v + w)^2$$
$$- 9(a.vw + b.wu + c.uv) = 0.$$

C'est une parabole, car elle touche la droite

$$u = 1, \qquad v = 1, \qquad w = 1.$$

On voit immédiatement qu'elle est bitangente à la conique inscrite axi Δ (enveloppe des polaires trilinéaires des points de Δ), le centre de bitangence étant le centre de la courbe.

(La conique inscrite axi Δ et le centre ont en effet pour équations

$$a.vw + b.wu + c.uv = 0,$$
$$u + v + w = 0.)$$

Cette belle propriété sera démontrée synthétiquement au Chapitre suivant, ainsi que cette propriété plus générale :

Les tangentes à l'hypocycloïde de centre O, en ses points

d'incidence avec un cercle arbitraire, touchent une même conique bitangente, centro O, à la conique inscrite au triangle des rebroussements, et qui a pour axe d'inscription l'axe radical du cercle envisagé et du cercle directeur circonscrit aux rebroussements.

CHAPITRE IV.

1. Si un point P est uni à une droite Δ, sa polaire trilinéaire Π relative à un triangle $X_1 X_2 X_3$ touche la conique inscrite axi Δ à ce triangle (conique qui touche chaque côté du triangle au sommet homologue du triangle homologiquement inscrit à celui-ci axi Δ, c'est-à-dire en la projection, faite par son sommet opposé, du pôle trilinéaire de Δ).

Corrélativement, le pôle trilinéaire de Δ est porté par la conique circonscrite au triangle, centre O.

En effet, si P_2, P_3 sont les projections de P faites par chaque sommet X_2, X_3, sur le côté opposé, le point P, troisième point diagonal du quadrangle qui a pour couples de côtés opposés $(X_1 X_2, X_1 X_3)$, $(P_2 P_3, X_2 X_3)$, étant uni à Δ, les droites de l'un de ces couples, soit $P_2 P_3$, $X_2 X_3$, touchent une même conique tangente aux droites $X_1 X_2$, $X_1 X_3$ de l'autre couple, la corde des contacts de ces dernières étant la droite Δ. (On sait que la condition nécessaire et suffisante pour que deux droites D_3, D_4 touchent une même conique tangente à deux autres droites D_1, D_2 suivant la corde de contact Δ, est que le troisième point diagonal du quadrangle, qui a pour couples de côtés opposés les couples envisagés, soit uni à Δ.)

Le point de contact sur $X_2 X_3$ est d'ailleurs l'harmonique relatif à $(X_2 X_3)$ du point de concours de $X_2 X_3$ et de la corde de contact Δ.

La polaire trilinéaire de P, étant la transformée de $P_2 P_3$ par l'homologue harmonique de centre O et d'axe $X_2 X_3$, touche donc la conique inscrite au triangle, le point de contact de cette conique sur chaque côté étant l'harmonique de la trace de Δ relativement aux sommets portés par ce côté, c'est-à-dire la projection (faite par le sommet opposé) du pôle trilinéaire de Δ..

2. Étant donné un triangle $X_1 X_2 X_3$, soient Ω la polaire trilinéaire d'un point O relative au triangle, P un autre point, Π sa polaire trilinéaire, et Π' la polaire de P dans la réciprocité Σ conjuguée au triangle et où se correspondent les éléments O et Ω.

ω, π, π' étant les traces de Ω, Π, Π' sur un côté $X_j X_k$, et o, p les projections de O et de P faites sur ce côté par le sommet opposé X_i, chacun des couples (o, ω), (p, π) est harmonique au couple (X_j, X_k) d'une part, et, d'autre part, les couples (X_j, X_k), (o, ω), (p, π'), conjugués chacun à la réciprocité, sont en involution.

Les couples (o, ω), (π, π') sont donc harmoniques. [Réciproque du théorème de Hesse, en vertu duquel si deux couples (X_j, X_k), (o, ω) sont harmoniques, les harmoniques p et π' d'un même point π relatifs à chacun de ces couples forment un couple (p, π') de l'involution définie par les deux premiers couples.]

L'involution définie sur chaque côté par le couple (X_j, X_k) de sommets situés sur ce côté, et les traces (π, π') de la polaire trilinéaire de P et de sa polaire dans la réciprocité Σ, a donc pour points doubles ω et o (trace de Ω et projection par le sommet opposé du pôle trilinéaire O de Ω).

Deux droites sont dites *transversales réciproques* $(\bmod \Omega)$, ou $(\bmod O)$, relativement à un triangle $X_1 X_2 X_3$, si |leurs traces, sur chaque côté du triangle, forment un couple de l'involution qui a un point double en la trace de Ω, et où se correspondent les sommets situés sur ce côté, c'est-à-dire sont harmoniques au couple (ω, o), de la trace de la droite Ω et de la projection de son pôle trilinéaire.

Les deux droites Π, Π' envisagées sont donc transversales réciproques $(\bmod \Omega)$ relativement au triangle $X_1 X_2 X_3$.

Ce qui précède montre que si deux droites Π, Π' sont transversales réciproques $(\bmod \Omega)$, chacune d'elles est polaire du pôle trilinéaire de l'autre, dans la réciprocité conjuguée au triangle et où se correspondent la droite Ω et son pôle trilinéaire O.

La transformation involutive réglée par transversales réciproques $(\bmod \Omega)$ équivaut donc à une transformation de droite à pôle trilinéaire, suivie d'une transformation par polaires réciproques dans la réciprocité conjuguée au triangle et où se correspondent la droite Ω et son pôle trilinéaire O.

Aux droites unies à O correspondent les tangentes à la conique polaire réciproque de la conique circonscrite centro O, axi Ω, c'est-à-dire les tangentes à la conique inscrite centro O, axi Ω.

Deux transversales réciproques $(\bmod \Omega)$ sont conjuguées à toutes les coniques inscrites au quadrilatère qui a pour triangle conjugué $X_1 X_2 X_3$ et pour côté la droite Ω.

Car les trois autres côtés du quadrilatère étant les côtés du triangle homologiquement inscrit à $X_1 X_2 X_3$ axi Ω, les sommets du quadrilatère extérieurs à Ω sont les projections (par chaque sommet du triangle $X_1 X_2 X_3$ sur le côté opposé) du pôle trilinéaire de Ω relatif à $X_1 X_2 X_3$, et les deux transversales réciproques ont leurs traces sur chaque côté du triangle harmoniques au couple de sommets opposés du quadrilatère portés par ce côté (trace de Ω et projection de son pôle trilinéaire).

Deux paires de transversales réciproques sont les paires de côtés opposés d'un même quadrangle inscrit à une conique circonscrite au triangle $X_1 X_2 X_3$. (Se reporter à l'Ouvrage annoncé.)

Deux transversales réciproques (mod Ω) forment une paire de cordes communes à une conique circonscrite à $X_1 X_2 X_3$, et à la conique inscrite à ce triangle axi Ω, centro O (conique qui touche chaque côté en la projection de O faite par le sommet opposé, enveloppe des polaires trilinéaires des points de Ω), puisque les traces de ces droites sur un côté $X_2 X_3$, et les traces X_2, X_3, sur ce côté d'une conique circonscrite, forment une involution qui a un point double au contact sur ce côté de la conique inscrite considérée.

Enfin, deux transversales réciproques (mod Ω) touchent, en leurs traces sur Ω, une même conique circonscrite au triangle, ou sont, comme on dit, les asymptotes (mod Ω) d'une conique circonscrite au triangle [car l'involution déterminée sur une droite (côté du triangle) par deux points d'une conique et les traces de deux tangentes à un point double en la trace de la corde de contact de ces tangentes].

Corrélativement, deux points P, P' sont dits *isogonaux* (mod O) ou (mod Ω), relativement à un triangle $X_1 X_2 X_3$, si les projetantes de ces points P, P' par chaque sommet du triangle forment un couple de la radiée involutive où se correspondent les côtés issus de ce sommet, et dont un rayon double est la projetante de O (c'est-à-dire si ces projetantes sont harmoniques au couple formé par la projetante de O et la projetante de la trace sur le côté opposé de la polaire trilinéaire Ω de O).

Deux paires de points isogonaux sont deux paires de sommets opposés d'un quadrilatère circonscrit à une conique inscrite à $X_1 X_2 X_3$; en particulier, en désignant par I l'involution tracée sur Ω par le quadrangle $X_1 X_2 X_3 O$, deux points

isogonaux sont les foyers (mod I) d'une même conique inscrite à $X_1 X_2 X_3$.

Deux points isogonaux (mod O) sont conjugués à toutes
les coniques circonscrites au quadrangle qui a pour triangle
conjugué $X_1 X_2 X_3$ et pour sommet le point O.

Deux points isogonaux (mod O) forment un couple d'ombi-
lics communs à la conique circonscrite centro O et à une conique
inscrite au triangle.

Enfin, les projetantes par O de deux points P, P′, isogonaux
(mod O), touchent en P et P′ une même conique inscrite au
triangle.

4. Une droite variable D étant unie au pôle trilinéaire O
d'une droite Ω (relatif à un triangle $X_1 X_2 X_3$), son pôle trilinéaire P est situé sur la conique C, circonscrite centro O, axi Ω,
et sa transversale réciproque D′ (mod Ω), polaire de P dans la
réciprocité Σ conjuguée au triangle et où se correspondent les
éléments O et Ω, touche la conique inscrite I (centro O, axi Ω).

La tangente D″ en P [à la conique C est transversale] réciproque de D (mod Ω) relativement au triangle homologiquement
circonscrit à $X_1 X_2 X_3$, centro O, axi Ω, c'est-à-dire relativement
au triangle des tangentes à C aux sommets de $X_1 X_2 X_3$ (*fig.* 16).

Fig. 16.

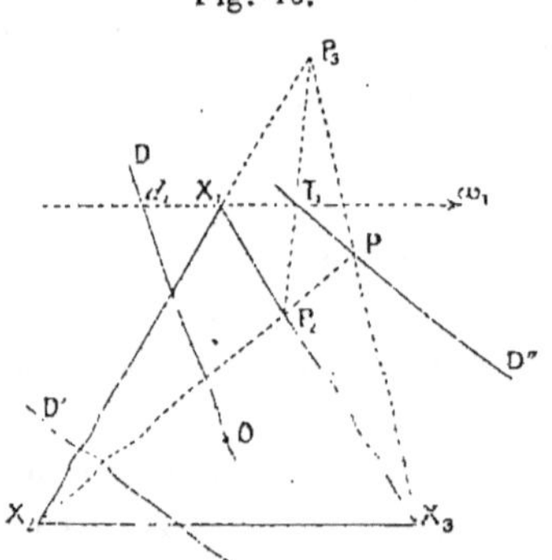

En effet, P_2, P_3 étant les projections de P faites par X_2
et X_3 sur les côtés opposés $X_1 X_3$, $X_1 X_2$, le point de concours T_1

des tangentes à C en X_1 et P appartient à $P_2 P_3$, droite de jonction des points diagonaux (non unis à X_1 P) du quadrangle inscrit $X_1 X_2 X_3$ P. D'autre part, $P_2 P_3$, côté du triangle homologiquement inscrit à $X_1 X_2 X_3$, ⌈centro P, et⌉ la polaire trilinéaire D de P se correspondent dans l'homologie harmonique de centre X_1 et d'axe $X_2 X_3$.

Donc, si d_1 est la trace de D sur la tangente en X_1, et ω_1 le point de concours commun à cette tangente en X_1, à $X_2 X_3$ et à Ω, les couples (ω_1, X_1), (T_1, d_1) sont harmoniques.

C. Q. F. D.

Soit A le point de contact de D', transversale réciproque de D relative à $X_1 X_2 X_3$, sur la conique I inscrite centro O et axi Ω. L'homologie de centre O, qui transforme le triangle $X_1 X_2 X_3$ dans le triangle homologiquement circonscrit centro O, transforme la conique I en C, et n'altérant pas la droite D unie au centre, transforme D' (transversale réciproque de D dans le premier triangle) en D'' (transversale réciproque de D dans le second), ainsi que A en P.

Donc, les droites D', D'', Ω (cette dernière, axe de l'homologie) sont concourantes, et les points A, O, P, alignés.

De plus, sur chaque côté du triangle homologiquement circonscrit à $X_1 X_2 X_3$ axi Ω, les traces des droites D et D'' étant harmoniques au couple (X_i, ω_i), ces droites sont les rayons doubles de la radiée involutive déterminée en leur point de concours par les projetantes des couples de sommets opposés du quadrilatère $x_1 x_2 x_3 \Omega$, c'est-à-dire les tangentes en ce point aux deux coniques inscrites au quadrilatère et unies à ce point.

Ces deux remarques sont fondamentales pour la démonstration des théorèmes mentionnés à la fin du Chapitre précédent.

5. Dans une transformation homographique ternaire de points doubles X_1, X_2, X_3, le pôle trilinéaire d'une droite relatif au triangle des points doubles se transforme dans le pôle trilinéaire de la transformée de cette droite, relatif au même triangle. (Car, plus généralement, le pôle trilinéaire d'une droite

relatif à un triangle arbitraire se transforme dans le pôle trilinéaire de la droite transformée, relatif au triangle transformé.)

Étant donnés un triangle $X_1 X_2 X_3$ et deux droites D_0, D_1, soit
H l'homographie ternaire de points doubles X_1, X_2, X_3, qui
transforme D_0 en D_1.

Considérons l'échelle discrète

$$\ldots, \quad D_{-\lambda}, \quad D_{-\lambda+1}, \quad \ldots, \quad D_{-2}, \quad D_{-1}, \quad D_0, \quad D_1, \quad D_2, \quad \ldots, \quad D_\mu, \quad \ldots$$

des transformées et antitransformées successives de D_0 par
l'homographie H. On veut dire que l'homographie H, de points
doubles X_1, X_2, X_3 et qui transforme D_0 en D_1, transforme toute
droite de l'échelle dans sa consécutive (l'échelle est donc univoquement déterminée par deux droites consécutives arbitraires),
ou encore que D_α (α positif ou négatif) est la transformée de
$D_{\alpha-\beta}$ par l'homographie H^β, qui est la $\beta^{\text{ième}}$ puissance de
l'homographie H transformant une droite dans sa consécutive.

Le pôle trilinéaire P_α de D_α (relatif à $X_1 X_2 X_3$) est en vertu
de la remarque précédente le transformé du pôle trilinéaire $P_{\alpha-1}$
de $D_{\alpha-1}$ par cette même homographie H.

Les pôles trilinéaires P des droites D forment donc, relativement à l'homographie H, une échelle discrète analogue

$$\ldots \quad P_{-\lambda}, \quad P_{-\lambda+1}, \quad \ldots, \quad P_{-2}, \quad P_{-1}, \quad P_0, \quad P_1, \quad P_2, \quad \ldots, \quad P_\mu, \quad \ldots$$

Une même homographie H^β de points doubles X_1, X_2, X_3,
transformant D_α en $D_{\alpha+\beta}$ et $P_{\alpha-\beta}$ en P_α, les éléments $P_{\alpha-\beta}$,
$D_{\alpha+\beta}$ se correspondent dans la réciprocité Σ_α où se corres-
pondent les éléments P_α et D_α. $\Big($Si λ et μ sont de même parité,
la réciprocité conjuguée au triangle et où se correspondent P_λ
et D_μ est une des réciprocités Σ_α : c'est la réciprocité

$$\Sigma \frac{\lambda + \mu}{2}$$

où se correspondent $P \frac{\lambda + \mu}{2}$ et $D \frac{\lambda + \mu}{2}.\Big)$

Toute propriété descriptive affectant un groupe ordonné

déterminé d'éléments des deux échelles, soit

$$(D_{\alpha_1}, \quad D_{\alpha_2}, \quad \ldots, \quad D_{\alpha_n}; \quad P_{\beta_1}, \quad P_{\beta_2}, \quad \ldots, \quad P_{\beta_m}),$$

a de multiples répercussions sur l'ensemble :

1° Tout groupe

$$(D_{\lambda+\alpha_1}, \quad D_{\lambda+\alpha_2}, \quad \ldots, \quad D_{\lambda+\alpha_n}; \quad P_{\lambda+\beta_1}, \quad P_{\lambda+\beta_2}, \quad \ldots, \quad P_{\lambda+\beta_m}),$$

où λ est un entier arbitraire positif ou négatif, est affecté de la même propriété (car ce groupe est transformé du premier par l'homographie H^λ) ;

2° Tout groupe

$$(P_{\lambda-\alpha_1}, \quad P_{\lambda-\alpha_2}, \quad \ldots, \quad P_{\lambda-\alpha_n}; \quad D_{\lambda-\beta_1}, \quad D_{\lambda-\beta_2}, \quad \ldots, \quad D_{\lambda-\beta_m})$$

est affecté de la propriété corrélative (les éléments $D_{\lambda+\alpha}$ et $P_{\lambda-\alpha}$, de même que $P_{\lambda+\beta}$ et $D_{\lambda-\beta}$ se correspondant ainsi qu'on l'a vu dans la réciprocité Σ_λ conjuguée au triangle et où se correspondent P_λ et D_λ ;

3° Si le groupe est composé d'éléments de même espèce, par exemple de points, soit

$$(P_{\beta_1}, \quad P_{\beta_2}, \quad \ldots, \quad P_{\beta_m}),$$

le groupe de droites

$$(D_{\beta_1}, \quad D_{\beta_2}, \quad \ldots, \quad D_{\beta_m})$$

sera affecté d'une autre propriété qu'on peut dire transformée de la première par une transformation de point à polaire trilinéaire.

Les droites $D_{\alpha-1}$ et $D_{\alpha+1}$ (plus généralement $D_{\alpha-\lambda}$ et $D_{\alpha+\lambda}$) sont transversales réciproques $(\bmod\ D_\alpha)$ relativement au triangle $X_1 X_2 X_3$.

En effet, sur chaque côté du triangle, l'homographie binaire qui a ses points doubles aux sommets situés sur ce côté et qui transforme la trace de $D_{\alpha-1}$ en celle de D_α, transformant celle de D_α en celle de $D_{\alpha+1}$, l'harmonique de la trace de D_α relatif au couple de son transformé et de son antitransformé est aussi l'harmonique de cette trace relatif au couple des points doubles.

Donc, sur chaque côté, les traces de $D_{\alpha-1}$ et de $D_{\alpha+1}$ se correspondent dans l'involution qui a un point double en la trace de D_α, et où se correspondent les sommets situés sur ce côté.

Pareillement, les points $P_{\alpha-1}$ et $P_{\alpha+1}$ (plus généralement, $P_{\alpha-\lambda}$ et $P_{\alpha+\lambda}$) sont isogonaux $(\bmod P_\alpha)$ relativement à $X_1 X_2 X_3$.

6. Supposons maintenant que l'un des points, soit P_0, pôle trilinéaire de la droite D_0, soit uni à la droite D_1, consécutive de D_0. Tout point P_α sera alors uni à la droite $D_{\alpha+1}$, consécutive de la droite D_α, polaire trilinéaire de P_α.

Le couple uni P_α, $D_{\alpha+1}$, est élément de contact de la conique $C_{\alpha-1}$, circonscrite à $X_1 X_2 X_3$, centre $P_{\alpha-1}$, axe $D_{\alpha-1}$ (conique qui porte les pôles trilinéaires des droites unies à $P_{\alpha-1}$, la trace de la tangente en chaque sommet de $X_1 X_2 X_3$ sur le côté opposé étant située sur $D_{\alpha-1}$) (*fig.* 17).

Fig. 17.

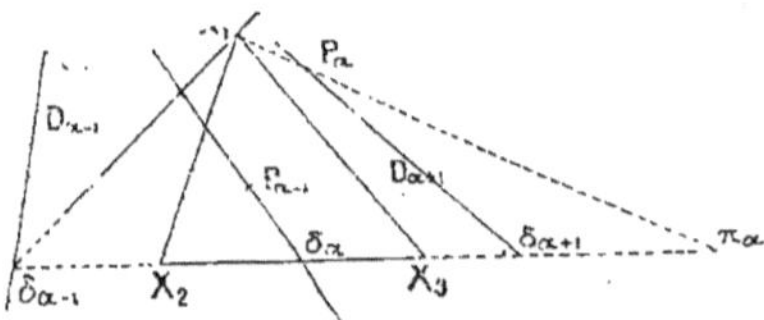

En effet, cette conique passant en P_α (pôle trilinéaire de D_α uni à $P_{\alpha-1}$), l'involution définie sur $X_2 X_3$ par le couple de sommets (X_2, X_3) et les traces des tangentes à cette conique en X_1, P_α, a un point double en la trace π_α de la projectante de P_α par X_1 (traces de la conique $C_{\alpha-1}$, de la paire de tangentes en X_1, P_α, et de leur corde de contact $X_1 P_\alpha$). Le second point double est donc la trace δ_α de D_α harmonique de π_α relatif à (X_2, X_3). La trace de la tangente en X_1 se confondant avec la trace $\delta_{\alpha-1}$ de $D_{\alpha-1}$ (axe de circonscription), la trace de la tangente à la conique en P_α étant donc le correspondant de $\delta_{\alpha-1}$ dans l'involution de point double δ_α où se correspondent X_2 et X_3, cette tangente et la droite $D_{\alpha-1}$ sont transversales réciproques (mod D_α) relativement à $X_1 X_2 X_3$. Cette tangente en P_α n'est donc autre que la droite $D_{\alpha+1}$.　　　　c. q. f. d.

Donc, corrélativement, le couple uni $D_{\lambda-\alpha}$, $P_{\lambda-(\alpha+1)}$ est élément de contact de la conique inscrite à $X_1 X_2 X_3$ axi $D_{\lambda-(\alpha-1)}$, centro $P_{\lambda-(\alpha-1)}$. En faisant $\lambda = 2(\alpha-1)$, le couple uni $D_{\alpha-2}$, $P_{\alpha-3}$ est élément de contact de la conique inscrite centro $P_{\alpha-1}$, axi $D_{\alpha-1}$.

Donc, comme on l'a vu (Chap. IV, 4), les droites $D_{\alpha-2}$, $D_{\alpha-1}$, $D_{\alpha+1}$, c'est-à-dire D_β, $D_{\beta+1}$, $D_{\beta+3}$, sont concourantes, et les points P_β, $P_{\beta+2}$, $P_{\beta+3}$ sont alignés.

Les droites D_β, $D_{\beta+2}$, $D_{\beta+3}$, polaires trilinéaires des points alignés P_β, $P_{\beta+2}$, $P_{\beta+3}$, touchent une même conique inscrite à $X_1 X_2 X_3$, et les points P_β, $P_{\beta+1}$, $P_{\beta+3}$ sont sur une conique circonscrite à $X_1 X_2 X_3$.

La droite $D_{\beta+2}$ étant tangente au pôle trilinéaire $P_{\beta+1}$ de $D_{\beta+1}$ à la conique circonscrite axi D_β, on a vu (Chap. IV, 4) que la conique inscrite à $X_1 X_2 X_3$, qui touche D_β et l'une ou l'autre des droites $D_{\beta+1}$ ou $D_{\beta+2}$, a son point de contact sur cette droite à l'intersection de l'autre droite.

Donc, considérant les droites concourantes D_β, $D_{\beta+1}$, $D_{\beta+3}$, on voit que les droites D_β, $D_{\beta+3}$ forment un couple, et que $D_{\beta+1}$ est un rayon double de la radiée involutive déterminée en leur point de concours par les coniques inscrites au triangle et qui touchent $D_{\beta+2}$.

Car la conique inscrite au triangle et qui touche $D_{\beta+1}$ et $D_{\beta+2}$, touchant aussi $D_{\beta-1}$, son contact sur $D_{\beta+1}$ est la trace de D_β.

Corrélativement, les points $P_{\beta+3}$, P_β forment un couple, et $P_{\beta+2}$ est un point double de l'involution déterminée sur leur droite par les coniques circonscrites au quadrangle $X_1 X_2 X_3 P_{\beta+1}$.

7. Ceci établi, supposons que l'un des éléments, soit D_0 (et par suite P_0) soit fixe, et les autres **variables**, D_1 restant toujours unie à P_0.

La droite D_1 tourne autour de P_0, tandis que P_{-1} décrit D_0; la droite D_2 et le point P_1 restent éléments de contact de la conique circonscrite C_0 centro P_0, axi D_0, que nous désignerons par Γ_1; la droite D_{-1} et le point P_{-2} restent éléments de contact de la conique inscrite I_0 centro P_0, axi D_0, que nous désignerons par Γ_{-1}.

On voit aisément que la courbe Γ_i décrite par P_i coïncide avec l'enveloppe de la droite D_{i+1} unie à P_i, les éléments P_i et D_{i+1} formant un élément de contact de cette courbe.

On a vu en effet (Chap. IV, 5) que P_i et D_{i+1} forment un élément de contact de la conique C_{i-1}, circonscrite centro P_{i-1}. La conique circonscrite à un triangle et qui passe aux pôles trilinéaires de deux droites ayant pour centre de circonscription le point de concours de ces droites, quand une droite enveloppe une courbe, la tangente à la courbe décrite par son pôle trilinéaire relatif à un triangle $X_1 X_2 X_3$ est tangente en ce point à la conique circonscrite au triangle et qui a pour centre de circonscription le point de contact de la droite sur son enveloppe.

Si l'on suppose la proposition énoncée établie pour le couple uni P_{i-1}, D_i, quand ce couple engendre la courbe Γ_{i-1}, la tangente au pôle trilinéaire P_i de D_i à la courbe Γ_i décrite par ce point est la tangente en ce point à la conique C_{i-1} circonscrite centro P_{i-1}, c'est-à-dire la droite D_{i+1}.

On obtient ainsi une échelle de courbes définies à partir de D_0, P_0, relativement au triangle $X_1 X_2 X_3$:

$$\ldots,\ \Gamma_{-\lambda},\ \ldots,\ \Gamma_{-1},\ D_0,\ P_0,\ \Gamma_1,\ \Gamma_2,\ \ldots,\ \Gamma_\mu,\ \ldots,$$

chacune d'elles étant le lieu des pôles trilinéaires, relatifs au triangle $X_1 X_2 X_3$, des tangentes à la courbe précédente.

Les courbes Γ_α et $\Gamma_{-\alpha}$ sont polaires réciproques dans la réciprocité conjuguée au triangle et où se correspondent les éléments P_0, D_0. Les courbes $\Gamma_{\alpha-1}$ et $\Gamma_{-\alpha}$ se correspondent par transversales réciproques (mod D_0), les courbes $\Gamma_{\alpha+1}$ et $\Gamma_{-\alpha}$ se correspondent par transformation isogonale (mod P_0).

En désignant par I l'involution tracée sur D_0 par le quadrangle $XYZ P_0$ [le triangle $X_1 X_2 X_3$ est équilatéral (mod I)], Γ_{-1} est le cercle (mod I) inscrit à $X_1 X_2 X_3$, Γ_1 est le cercle (mod I) circonscrit, Γ_2 est l'hypocycloïde (mod I) à trois rebroussements en X_1, X_2, X_3, transformée isogonale du cercle (mod I) inscrit Γ_{-1}. Γ_{-2}, polaire réciproque de Γ_2 relative à la réciprocité circulaire (mod I) de centre P_0 conjuguée à $X_1 X_2 X_3$, est la cubique à point double en P_0, qui a pour tangente d'inflexions les côtés de $X_1 X_2 X_3$, les points d'inflexion étant alignés sur D_0, polaire trilinéaire de P_0.

Les éléments P_0, D_0 étant pris pour éléments-unités relativement au triangle fondamental $X_1 X_2 X_3$, une droite variable D_1 unie à P_0 a pour coordonnées

$$u = \lambda, \qquad v = \mu, \qquad w = \nu,$$

les paramètres λ, μ, ν vérifiant la relation

$$\lambda + \mu + \nu = 0.$$

Par l'homographie de points doubles X_1, X_2, X_3, qui transforme D_0 $(1, 1, 1)$ en D_1 (λ, μ, ν), toute droite de coordonnées u_α, v_α, w_α se transforme en une droite de coordonnées λu_α, μv_α, νw_α, et tout point de coordonnées x_α, y_α, z_α en un point de coordonnées

$$\frac{x_\alpha}{\lambda}, \qquad \frac{y_\alpha}{\mu}, \qquad \frac{z_\alpha}{\nu}.$$

Les équations de D_n et de P_{n-1}, les premières, équations tangentielles, les secondes, équations ponctuelles, de la courbe Γ_{n-1}, sont donc

$$u = \lambda^n, \qquad v = \mu^n, \qquad w = \nu^n,$$
$$x = \frac{1}{\lambda^{n-1}}, \qquad y = \frac{1}{\mu^{n-1}}, \qquad z = \frac{1}{\nu^{n-1}},$$

λ, μ, ν étant toujours liés par la relation

$$\lambda + \mu + \nu = 0.$$

Suivant la commodité des calculs, on conservera symétriquement les paramètres λ, μ, ν, et l'on posera

$$v = 1, \qquad \mu = -(\lambda + 1).$$

Pour $n = 3$, on a les équations de l'hypocycloïde Γ_2 :

$$u = \lambda^3, \qquad v = \mu^3, \qquad w = \nu^3,$$
$$x = \frac{1}{\lambda^2}, \qquad y = \frac{1}{\mu^2}, \qquad z = \frac{1}{\nu^2},$$
$$\lambda + \mu + \nu = 0,$$

d'où l'on a déjà déduit antérieurement

$$(u + v + w)^3 - 27\, uvw = 0,$$
$$(yz + zx + xy)^2 - 4xyz(x + y + z) = 0.$$

8. Ainsi qu'on l'a vu, les points P_0 (centre), P_2 (sur l'hypocycloïde), P_3 (pôle trilinéaire de la tangente en P_2 à l'hypocycloïde) sont alignés, P_2 étant point double, et P_0, P_3 formant un couple de l'involution déterminée sur leur droite par le quadrangle $X_1\, X_2\, X_3\, P_1$.

P_1 étant sur le cercle circonscrit C_0 ou Γ_1 de centre P_0, le point P_3 est le correspondant du centre P_0 dans l'involution définie sur $P_0\, P_2\, P_3$ par le cercle C_0 de centre P_0 et le point double P_2.

Donc, P_3 appartient à l'axe radical des cercles qui passent en P_2 et sont orthogonaux au cercle circonscrit C_0.

Le pôle trilinéaire P_3 d'une tangente à l'hypocycloïde, en un point où cette courbe est rencontrée par un cercle orthogonal au cercle circonscrit, appartenant à l'axe radical de ces deux cercles, il en résulte ce théorème :

« Les tangentes à l'hypocycloïde, aux points où elle est rencontrée par un cercle orthogonal au cercle directeur (circonscrit aux rebroussements), touchent la conique inscrite au triangle des rebroussements, et qui a pour axe d'inscription l'axe radical de ces deux cercles. »

9. Considérant les droites concourantes D_0, D_1, D_3 (6), les droites D_0, D_3 forment un couple, et D_1 (unie au centre P_0) est un rayon double de la radiée involutive déterminée en leur point de concours par les coniques inscrites au quadrilatère $x_1\, x_2\, x_3\, D_2$.

Donc, pour chaque conique inscrite au triangle $X_1\, X_2\, X_3$ et qui touche une tangente D_2 au cercle circonscrit de centre P_0, la parabole (mod D_0) qui est bitangente centre P_0 à cette conique touche la tangente D_3 à l'hypocycloïde correspondant à D_2.

Donc, deux tangentes à l'hypocycloïde touchent la parabole

(mod D_0) bitangente centro P_0 à la conique inscrite au triangle des rebroussements et qui touche les deux tangentes correspondantes au cercle circonscrit.

Une droite arbitraire rencontrant l'hypocycloïde en quatre points, pôles trilinéaires des tangentes communes au cercle circonscrit au triangle des rebroussements et à la conique inscrite à ce triangle, qui a pour axe d'inscription la droite envisagée, on a cet autre théorème :

« Les tangentes à l'hypocycloïde, aux points où elle est rencontrée par une droite arbitraire Δ, touchent une parabole (parabole polaire tangentielle de la droite) bitangente (le centre de bitangence étant le centre de l'hypocycloïde) à la conique inscrite axi Δ au triangle des rebroussements.

10. Enfin, soient A, B deux points de l'hypocycloïde, Δ l'axe radical du cercle circonscrit aux rebroussements et du cercle orthogonal à celui-ci qui passe en A et B.

Le point de concours P de Δ avec AB est un point de l'axe radical du cercle circonscrit et de tout cercle passant en A et B, et si Δ' (unie à P) est l'axe radical avec le cercle circonscrit d'un cercle passant en A et B, la conique inscrite axi Δ' au triangle des rebroussements touche la polaire trilinéaire Π de P.

Les tangentes en A et B touchant (8) la conique K inscrite axi Δ, et aussi (9) une conique K' bitangente centro O (O centre de l'hypocycloïde) à la conique K_1 inscrite axi AB, ces tangentes forment un couple, et la droite qui joint leur point de concours au centre est un rayon double de la radiée involutive déterminée en leur point de concours par les coniques du faisceau tangentiel (K, K_1), c'est-à-dire par les coniques inscrites ou quadrilatère $x_1 x_2 x_3 \Pi$. La conique K_2 inscrite axi Δ' étant une conique de ce faisceau, les tangentes en A, B touchent une conique bitangente centro O à cette dernière. On a donc ce théorème, généralisation des deux précédents.

« Les tangentes à une hypocycloïde de centre O, aux points où elle est rencontrée par un cercle arbitraire, touchent une même conique, bitangente, centro O, à la conique inscrite au triangle des rebroussements et qui a pour axe d'inscription l'axe radical du cercle considéré et du cercle directeur, circonscrit aux rebroussements. »

Réciproquement, les tangentes communes à l'hypocycloïde et à une conique bitangente centro O à une conique inscrite au triangle des rebroussements ont leurs contacts avec l'hypocycloïde sur un même cercle, dont l'axe radical avec le cercle circonscrit aux rebroussements est l'axe d'inscription de la conique inscrite.

En particulier, deux points isogonaux P, P' étant les points de contact sur OP et OP' d'une même conique inscrite tangente à OP et à OP' (Chap. IV, 3), les tangentes à l'hypocycloïde issues de deux points isogonaux ont leurs contacts avec l'hypocycloïde sur un même cercle, dont l'axe radical avec le cercle circonscrit est l'axe d'inscription de la conique inscrite au triangle des rebroussements, qui touche les projetantes (par le centre) des points P et P'.

11. Ces propriétés s'établissent aisément par le calcul. (Le lecteur nous pardonnera cette petite intrusion analytique, en raison de la simplicité des calculs.)

Reprenons les équations de l'hypocycloïde :

$$(1) \qquad x = \frac{1}{\lambda^2}, \qquad y = \frac{1}{\mu^2}, \qquad z = \frac{1}{\nu^2};$$

$$(2) \qquad u = \lambda^3, \qquad v = \mu^3, \qquad w = \nu^3;$$

$$(3) \qquad \lambda + \mu + \nu = 0.$$

De (3), on déduit comme précédemment

$$(4) \qquad (\lambda^2 + \mu^2 + \nu^2)^2 = 4(\lambda^2\mu^2 + \mu^2\nu^2 + \nu^2\lambda^2),$$

$$(5) \qquad (\lambda^3 + \mu^3 + \nu^3)^2 = 9\lambda^2\mu^2\nu^2.$$

Si

$$ax + by + cz = 0$$

est l'équation de l'axe radical d'un cercle C' et du cercle circonscrit C d'équation

$$yz + zx + xy = 0,$$

le cercle C′ a pour équation

$$K(yz + zx + xy) + (x + y + z)(ax + by + cz) = 0.$$

Les paramètres des points de l'hypocycloïde situés sur ce cercle vérifient l'équation

$$K\left(\frac{1}{\mu^2\nu^2} + \frac{1}{\nu^2\lambda^2} + \frac{1}{\lambda^2\mu^2}\right) + \left(\frac{1}{\lambda^2} + \frac{1}{\mu^2} + \frac{1}{\nu^2}\right)\left(\frac{a}{\lambda^2} + \frac{b}{\mu^2} + \frac{c}{\nu^2}\right) = 0,$$

$$K\lambda^2\mu^2\nu^2(\lambda^2 + \mu^2 + \nu^2)$$
$$+ (\mu^2\nu^2 + \nu^2\lambda^2 + \lambda^2\mu^2)(a\mu^2\nu^2 + b\nu^2\lambda^2 + c\lambda^2\mu^2) = 0.$$

Tenant compte de (4), et divisant par $\lambda^2 + \mu^2 + \nu^2$,

$$4K\lambda^2\mu^2\nu^2 + (\lambda^2 + \mu^2 + \nu^2)(a\mu^2\nu^2 + b\nu^2\lambda^2 + c\lambda^2\mu^2) = 0,$$

$$(4K + a + b + c)\lambda^2\mu^2\nu^2$$
$$+ a\mu^2\nu^2(\mu^2 + \nu^2) + b\nu^2\lambda^2(\nu^2 + \lambda^2) + c\lambda^2\mu^2(\lambda^2 + \mu^2) = 0.$$

Comme

$$\mu^2 + \nu^2 = \lambda^2 - 2\mu\nu, \qquad \ldots,$$

l'équation précédente devient

$$(2K + a + b + c)\lambda^2\mu^2\nu^2 - (a\mu^3\nu^3 + b\nu^3\lambda^3 + c\lambda^3\mu^3) = 0$$

ou, tenant compte de (5),

$$(2K + a + b + c)(\lambda^3 + \mu^3 + \nu^3)^2 - 9(a\mu^3\nu^3 + b\nu^3\lambda^3 + c\lambda^3\mu^3) = 0.$$

Remplaçant enfin λ^3, μ^3, ν^3 par u, v, w, on a l'équation que vérifient les coordonnées des tangentes à l'hypocycloïde, en ses points d'intersection avec le cercle considéré.

Cette équation

$$(2K + a + b + c)(u + v + w)^2 - 9(avw + bwu + cuv) = 0$$

est l'équation d'une conique bitangente centro O

$$(u + v + w = 0)$$

à la conique inscrite au triangle des rebroussements

$$avw + bwu + cuv = 0.$$

qui a pour axe d'inscription la droite

$$ax + by + cz = 0,$$

axe radical du cercle considéré et du cercle circonscrit aux rebroussements.

Si

$$2K + a + b + c = 0,$$

on voit aisément que la polaire du centre $(1, 1, 1)$ du cercle circonscrit relative au cercle considéré C' est leur axe radical, d'équation

$$ax + by + cz = 0.$$

Les deux cercles sont orthogonaux, et la conique $(\acute{S})$ se réduit à la conique inscrite

$$avw + bwu + cuv = 0.$$

Si $K = 0$, la conique (S) devient

$$(a + b + c)(u + v + w)^2 - 9(avw + bwu + cuv) = 0,$$

parabole polaire de la droite (a, b, c).

12. Les sommets de l'hypocycloïde, situés sur les droites

$$x = y, \qquad y = z, \qquad z = x,$$

sont les points pour lesquels

$$\lambda = \mu = 1, \quad \nu = -2; \qquad \lambda = \nu = 1, \quad \mu = -2; \qquad \mu = \nu = 1, \quad \lambda = -2.$$

Les tangentes aux sommets sont donc

$$x + y - 8z = 0,$$
$$y + z - 8x = 0,$$
$$z + x - 8y = 0.$$

Les sommets du triangle de ces tangentes ont pour équations

$$u + v + 7w = 0,$$
$$w + u + 7v = 0,$$
$$v + w + 7u = 0.$$

Conservant toujours le centre pour point-unité, prenons pour triangle fondamental le triangle des tangentes aux sommets, en posant

$$u + v + 7w = W,$$
$$w + u + 7v = V,$$
$$v + w + 7u = U.$$

On en déduit

$$\frac{6}{9}u = U + V + W - 9U,$$

$$\frac{6}{9}v = U + V + W - 9V,$$

$$\frac{6}{9}w = U + V + W - 9W;$$

et l'équation de la courbe devient

$$(u + v + w)^3 - 27\,uvw$$
$$= 8(U + V + W)^3$$
$$+ (U + V + W - 9U)(U + V + W - 9V)(U + V + W + 9W)$$

ou

$$(U + V + W)(VW + WU + UV) - 9\,UVW = 0,$$

qui peut également se mettre sous la forme

$$U(W - V)^2 + V(U - W)^2 + W(V - U)^2 = 0,$$

car les premiers membres de ces deux équations sont égaux à

$$\Sigma\,U^2 V - 6\,UVW.$$

Cherchons l'enveloppe des asymptotes des hyperboles équilatères circonscrites au triangle des tangentes aux sommets. Elles passent au centre, et ont pour équation

$$\lambda\,YZ + \mu\,ZX + \nu\,XY = 0,$$
(1)
$$\lambda + \mu + \nu = 0.$$

Les coordonnées de la tangente au point (α, β, γ) vérifient l'équation

$$\frac{\mu\gamma + \nu\beta}{U} = \frac{\nu\alpha + \lambda\gamma}{V} = \frac{\lambda\beta + \mu\alpha}{W} = \rho$$

ou

$$(2) \quad \begin{cases} \mu\gamma + \nu\beta - \rho U = 0, \\ \nu\alpha + \lambda\gamma - \rho V = 0, \\ \lambda\beta + \mu\alpha - \rho W = 0. \end{cases}$$

De

$$U\alpha + V\beta + W\gamma = 0,$$
$$\alpha + \beta + \gamma = 0,$$

on tire

$$\frac{\alpha}{V - W} = \frac{\beta}{W - U} = \frac{\gamma}{U - V}.$$

Remplaçant α, β, γ, dans les équations (2), par leurs valeurs proportionnelles, et éliminant λ, μ, ν, ρ entre ces équations et l'équation (1), on obtient l'équation de l'enveloppe :

$$\begin{vmatrix} 0 & U - V & W - U & U \\ U - V & 0 & V - W & V \\ W - U & V - W & 0 & W \\ 1 & 1 & 1 & 0 \end{vmatrix} = 0.$$

Développant suivant les éléments de la dernière colonne, le mineur coefficient de U est égal à $2(V - W)^2$; l'équation est donc

$$U(V - W)^2 + V(W - U)^2 + W(U - V)^2 = 0.$$

L'enveloppe est donc l'hypocycloïde qui a pour tangentes aux sommets les côtés du triangle équilatéral de référence.

CHAPITRE V.

CUBIQUE GAUCHE ET DÉVELOPPABLE DE SES TANGENTES.

1. Rappel des propriétés projectives de la cubique gauche [1]. — 2. Caractère ponctuel d'une section plane de la développable des tangentes. — 3. Quadrique et corde associées, cordes conjuguées; points associés relatifs à une corde donnée. — 4. Caractère ponctuel de la projection de la cubique gauche et caractère réglé corrélatif de la section plane de la développable de ses tangentes. — 5. Coniques tritangentes à cette projection ou à cette section.

1. Une cubique gauche *propre* est le support des points de concours des rayons homologues *incidents* de deux gerbes homographiques de centres distincts, qui n'aient point pour rayon homologue commun la droite de jonction de leurs centres (ce qui exclut le cas où elles seraient perspectives), et qui ne soient point simultanément perspectives à une même troisième.

Les rayons de l'une des gerbes génératrices qui sont *incidents* à leurs homologues de l'autre gerbe appartiennent à un même cône *propre* du second ordre. [S_1, S_2 étant les centres des deux gerbes, $S_1\delta_1$ le rayon homologue dans (S_1) du rayon S_2S_1 de (S_2), et $S_2\delta_2$ le rayon homologue dans (S_2) du rayon S_1S_2 de (S_1), le cône Σ_i relatif à S_i ($i, j = 1, 2$) est défini par deux feuillées d'axes *incidents* S_iS_j, $S_i\delta_i$, *feuillées homologues dans les deux gerbes* S_j, S_i, et par conséquent *homographiques*.]

La cubique se présente donc comme l'intersection de deux cônes propres du second ordre, de centres distincts, qui ont une génératrice commune, droite de jonction de leurs centres.

Les centres des gerbes génératrices ne sont pas des points

---

[1] Pour plus de rapidité, nous avons omis dans ce résumé les démonstrations les plus simples. Se reporter à l'Ouvrage annoncé.

particuliers de la cubique; deux points arbitraires de la cubique peuvent être choisis comme centres de deux gerbes homographiques telles que le point de concours de deux rayons homologues incidents variables appartienne à la cubique, chacun de ces rayons décrivant dans sa gerbe un cône du second ordre propre contenant la courbe.

Quatre points d'une cubique gauche propre ne peuvent appartenir à un même plan (ni, par suite, trois points à une même droite). Elle est univoquement définie par six points arbitraires, tels que quatre quelconques d'entre eux n'appartiennent pas à un même plan.

La cubique peut être considérée comme le support d'un ensemble de gerbes deux à deux homographiques, dont elle porte les centres, les rayons de ces gerbes qui projettent un même point de la cubique étant *simultanément homologues* dans ces gerbes.

La droite d'intersection de deux plans homologues de deux gerbes génératrices s'appelle une *corde* de la cubique. Cette droite conserve ce caractère relativement à deux autres gerbes génératrices arbitraires.

Autrement dit, considérant l'ensemble des gerbes deux à deux homographiques attachées à la cubique, un plan de l'une de ces gerbes, et les plans *simultanément homologues* de celui-ci dans les autres gerbes de l'ensemble, appartiennent à une même feuillée dont l'axe s'appelle *une corde de la cubique*.

Les cordes unies à un point S de la cubique sont les génératrices du cône du second ordre circonscrit qui a son centre en S. Chacune d'elles a sur la cubique un second point d'incidence bien déterminé (point de concours de cette corde, considérée comme rayon de la gerbe S, avec les rayons simultanément homologues de celui-ci dans les diverses gerbes de l'ensemble), et distinct du premier, sauf toutefois pour l'une d'elles univoquement déterminée et appelée *tangente à la cubique en S* (si S_λ est un second point arbitraire de la cubique, la tangente S_δ en S est l'homologue, dans la gerbe S, du rayon $S_\lambda S$ de la gerbe homographique S_λ).

A tout point P extérieur à la cubique est unie une corde unique : S_1, S_2 étant les centres de deux gerbes génératrices homographiques arbitraires, $S_2\,\Pi_2$ l'homologue dans (S_2) du rayon $S_1\,P$ de (S_1) et $S_1\,\Pi_1$ l'homologue dans (S_1) du rayon $S_2\,P$ de S_2, cette corde est l'intersection des plans homologues $(S_1 P,\ S_1\Pi_1)$, $(S_2\Pi_2,\ S_2 P)$, c'est-à-dire la sécante commune issue de P aux rayons $S_1\,\Pi_1$, $S_2\,\Pi_2$, qui ne sont ni concourants, ni unis à P. Deux cordes ne peuvent donc être concourantes que si leur point de concours est uni à la cubique.

Un rayon d'une gerbe (S) qui n'appartient pas au cône circonscrit de centre S est une transversale de la cubique, et le point S est son point d'incidence.

Considérons un rayon de la gerbe (S). Si ce rayon est une corde, les rayons simultanément homologues de celui-ci concourent avec lui en son second point d'incidence I sur la cubique, et forment le cône circonscrit de centre I. Si le rayon envisagé est une transversale, les rayons simultanément homologues sont deux à deux non incidents (car autrement leur point de concours appartiendrait par définition à la cubique).

Soient deux transversales homologues $\Sigma,\ \Sigma_\lambda$, d'incidences respectives S, S_λ. Toute corde Δ qui rencontre l'une rencontre aussi l'autre, car les plans $S\Delta$, $S_\lambda\,\Delta$ étant homologues dans les gerbes S, S_λ, si le premier contient Σ le second contient son homologue Σ_λ.

Un ensemble de transversales simultanément homologues forme donc un système de génératrices d'une quadrique, les génératrices de l'autre système étant formées par les cordes incidentes à l'une de ces transversales.

Une quadrique contenant la cubique est univoquement définie par la condition de contenir une transversale, ou deux cordes données.

Un plan uni à une corde contient un point de la cubique univoquement déterminé et non uni (généralement) à cette corde : c'est le point de concours de ce plan avec les éléments homologues de deux autres feuillées homographiques à celle que décrit le plan.

Il en est de même pour un plan uni à une tangente. Il y a
une position particulière et bien déterminée de ce plan autour
de cette tangente, pour laquelle le point en question vient se
confondre avec le point de contact de la tangente, et le plan
obtenu est le plan osculateur à la cubique en ce point. S_λ étant
un point arbitraire de la cubique, le plan osculateur en S est
l'homologue, dans la gerbe (S), du plan de la gerbe (S_λ) qui
projette la tangente en S. C'est le plan tangent, suivant la génératrice tangente en S à la cubique, au cône circonscrit du second
ordre de centre S.

THÉORÈME. — *Les plans osculateurs en trois points de la
cubique concourent avec le plan de ces trois points, au centre
polaire de ce triangle relatif à la section plane de la quadrique
(non circonscrite à la cubique) qui contient les tangentes en ces
trois points.*

X_1, X_2, X_3 étant les trois points et $X_1 T_1$, $X_2 T_2$, $X_3 T_3$ les
tangentes en ces points, le plan osculateur en X_i est le plan
tangent suivant la génératrice $X_i T_i$ au cône circonscrit de
sommet X_i, qui contient la tangente $X_i T_i$ et les deux droites
$X_i X_j$, $X_i X_k$, les plans tangents suivant ces deux dernières
génératrices étant $X_i X_j T_j$, $X_i X_k T_k$.

$X_i X_i'$ étant la droite d'intersection de ces deux plans (transversale commune issue de X_i aux deux tangentes $X_j T_j$, $X_k T_k$,
et seconde génératrice unie à X_i de la quadrique qui porte les
trois tangentes), les traces sur le plan $X_i X_j X_k$ du plan tangent au cône suivant $X_i T_i$, et du plan contenant $X_i T_i$ et $X_i X_i'$
(droite polaire de $X_i X_j X_k$ relative au cône), sont harmoniques
au couple des génératrices de section $X_i X_j$, $X_i X_k$. Le plan
$X_i X_i' T_i$ n'étant autre que le plan tangent en X_i à la quadrique
qui porte $X_i T_i$, $X_j T_j$, $X_k T_k$, la proposition est établie.

C. Q. F. D.

Le plan osculateur en un quatrième point X_4 forme avec
les trois premiers plans osculateurs en X_1, X_2, X_3 un tétraèdre
à la fois inscrit et circonscrit au tétraèdre $X_1 X_2 X_3 X_4$, pro-

priété qui définit ce plan comme plan polaire de X_4 dans le complexe linéaire défini par les trois points X_1, X_2, X_3, et leurs plans polaires (plans osculateurs) unis à ces points et concourant sur leur plan.

Les points d'une cubique et les plans osculateurs en ces points se correspondent donc par polaires réciproques dans un même complexe linéaire, auquel appartiennent les tangentes à la cubique (chacune étant à la fois unie à un point et au plan polaire de ce point).

La développable des plans osculateurs (dont les génératrices sont les tangentes à la cubique), polaire réciproque de la cubique relative au complexe, jouit par conséquent de propriétés corrélatives de celles de la cubique.

Les traces, sur un plan osculateur fixe, des autres plans osculateurs, enveloppent une conique, deux coniques ainsi déterminées sur deux plans osculateurs étant tangentes à la droite d'intersection de leurs plans. Un plan osculateur arbitraire est donc un plan tangent commun à deux coniques de plans distincts qui ont une tangente commune, ou encore le plan de jonction de deux droites homologues concourantes de deux champs ternaires homographiques (de supports distincts), qui n'ont pas de droite homologue commune et ne sont pas perspectifs à un même troisième.

Les polaires réciproques des cordes s'appellent des *axes*, droite de jonction de deux points homologues de deux champs générateurs ; les transversales ont pour polaires des *semi-axes* (droites unies à un seul plan osculateur).

Une quadrique touchant les plans osculateurs est dite *inscrite à la développable*. Elle est univoquement définie par la condition de contenir deux axes, ou un semi-axe ; l'un des systèmes de ses génératrices est formé d'axes, l'autre de semi-axes.

Les plans polaires d'un point P (extérieur à la cubique), relatifs aux quadriques circonscrites, concourent en un même point P', uni à la corde issue de P. Les couples de points P et P', portés par une même corde et conjugués à toute quadrique circonscrite, sont les couples d'une involution à laquelle est attachée toute homographie binaire tracée sur la corde par deux radiées homographiques, sections centrales unies à cette corde de deux gerbes génératrices arbitraires. Si la corde porte deux points d'incidence déterminés, les couples (P, P′) sont harmoniques à ces deux points. On dit que P et P′ sont conjugués à la cubique.

Si les plans osculateurs en X_1, X_2, X_3 concourent en P (uni au plan $X_1 X_2 X_3$), le point P′ conjugué de P est le pôle du plan $X_1 X_2 X_3$ relatif à la quadrique (non circonscrite) qui porte les tangentes en X_1, X_2, X_3.

Il suffit de montrer que ce pôle appartient au plan polaire de P relatif à l'un quelconque des trois cônes circonscrits de sommets X_1, X_2, X_3.

La droite polaire du plan $X_1 X_2 X_3$ relative au cône X_i est la transversale $X_i X'_i$ issue de X_i aux tangentes $X_j T_j$, $X_k T_k$ (intersection des plans tangents le long des génératrices de section $X_i X_j$, $X_i X_k$). La droite polaire du plan $X_i T_i P$, osculateur en X_i et tangent au cône, est la génératrice de contact $X_i T_i$. La droite $X_i P$, commune à ces deux plans, a donc pour plan polaire le plan des droites $X_i T_i$, $X_i X'_i$ (génératrices de la quadrique mentionnée), c'est-à-dire le plan tangent en X_i à la quadrique. Le point de concours P′ des trois plans tangents à la quadrique en X_1, X_2, X_3, pôle du plan $X_1 X_2 X_3$ relatif à cette quadrique, est donc le point cherché.

C. Q. F. D.

Donc, si les plans osculateurs en trois points X_1, X_2, X_3 concourent en P, la corde issue de P est unie au pôle de $X_1 X_2 X_3$ relatif à la quadrique qui porte les tangentes en X_1, X_2, X_3, et corrélativement, l'*axe* uni au plan $X_1 X_2 X_3$ est la trace du plan polaire relatif à cette quadrique, du point de concours P des plans osculateurs en X_1, X_2, X_3, c'est-à-dire la polaire de P relatif à la section de la quadrique par le plan $X_1 X_2 X_3$. Le point P étant, comme on l'a vu, le centre polaire de $X_1 X_2 X_3$ relatif à cette section, l'axe uni à ce plan est l'axe polaire de ce triangle.

En résumé, le point de concours de trois plans osculateurs

est uni au plan des points d'osculation. Ce point, et l'axe uni au plan des points d'osculation, sont le centre et l'axe polaire du triangle des points d'osculation relatifs à une conique circonscrite, trace de la quadrique qui porte les tangentes aux points d'osculation. Le point et la droite envisagés sont donc pôle et polaire trilinéaire relativement au triangle des points d'osculation.

D'ailleurs, de même que tout plan non uni à une tangente porte trois points de la cubique, points doubles de l'homographie ternaire plane déterminée sur ce plan par deux gerbes génératrices homographiques arbitraires, par tout point non uni à une tangente passent trois plans osculateurs, plans doubles de l'homographie ternaire gerbée déterminée en ce point par deux champs ternaires homographiques générateurs de la développable.

La projection de la cubique sur un plan, par un point P non situé sur la développable, projection qui a un point double en la trace de la corde unie au centre de perspective, a trois tangentes d'inflexion (traces des plans osculateurs issus de P) dont les points de contact sont sur une même droite (trace du plan des trois points d'osculation, uni à P). Le point double et la droite des inflexions sont pôle et polaire trilinéaire relativement au triangle des tangentes d'inflexion.

Pareillement, la trace sur un plan (non tangent à la cubique) de l'ensemble des tangentes, enveloppe des traces des plans osculateurs, a une tangente double (axe uni à ce plan) et trois tangentes de rebroussement concourantes, leur point de concours et la tangente double étant pôle et polaire trilinéaire relativement au triangle des points de rebroussement, traces de la cubique.

2. Sept points d'une cubique gauche propre sont caractérisés par cette propriété que le triangle de trois d'entre eux arbitrairement choisis X_1, X_2, X_3, et le quadrilatère de section du tétraèdre $Z_1 Z_2 Z_3 Z_4$ des quatre autres par le plan des premiers soient circonscrits à une même conique Φ. (Il suffit par exemple

d'observer que le triangle choisi $X_1 X_2 X_3$ et tout triangle du quadrilatère sont inscrits à une conique, trace d'un cône projetant la cubique par un sommet du tétraèdre.)

Les sommets opposés d'un tel quadrilatère se correspondent, comme on sait, dans une même inversion non centrée I (transformation quadratique involutive) admettant le triangle $X_1 X_2 X_3$ pour triangle fondamental. Une propriété remarquable de la conique Φ et de l'inversion I est que cette inversion transforme la conique en la trace de la développable des tangentes à la cubique.

Il y a en effet une infinité de coniques, formant faisceau ponctuel, conjuguées au triangle $X_1 X_2 X_3$ et aux couples de sommets opposés du quadrilatère. Il y a donc aussi une infinité de quadriques, formant faisceau ponctuel, conjuguées au tétraèdre $Z_1 Z_2 Z_3 Z_4$ et au triangle $X_1 X_2 X_3$ (le pôle du plan du triangle relatif aux quadriques du faisceau décrit la cubique).

Les plans polaires d'un même point arbitraire relatifs aux quadriques du faisceau contiennent une même droite, dite *polaire du point relative au faisceau*, et ces polaires forment un complexe tétraédral ayant pour tétraèdre fondamental le tétraèdre conjugué commun $Z_1 Z_2 Z_3 Z_4$. Les points de la cubique ont pour polaires les tangentes à la conique inscrite au triangle $X_1 X_2 X_3$ et au quadrilatère de section du tétraèdre, laquelle est justement la conique Φ. Un point du plan du triangle a pour polaire une corde de la cubique, un point de la conique Φ a pour polaire une tangente à la cubique.

Les traces sur le plan $X_1 X_2 X_3$ des tangentes à la cubique correspondent donc aux points de la conique Φ, inscrite à $X_1 X_2 X_3$, dans la transformation quadratique involutive I, de triangle fondamental $X_1 X_2 X_3$, où se correspondent les couples de sommets opposés du quadrilatère, section du tétraèdre $Z_1 Z_2 Z_3 Z_4$.   C. Q. F. D.

Si O est le centre polaire du triangle $X_1 X_2 X_3$ relatif à la conique inscrite Φ, Ω le correspondant de ce point dans l'inversion I, et Γ la conique (également inscrite à $X_1 X_2 X_3$) transformée de Φ par l'homographie de points doubles X_1, X_2, X_3 qui transforme O en Ω, l'ensemble des traces des tangentes est la transformée de Γ par l'inversion non centrée J, de triangle fondamental $X_1 X_2 X_3$, qui n'altère pas le centre polaire Ω de Γ.

On retrouve la définition ponctuelle de l'unicursale de troisième classe et de quatrième ordre.

3. Une notion intéressante est celle des cordes conjuguées. Nous disons que deux cordes Δ_1, Δ_2, d'une cubique sont conjuguées, si les plans $S\Delta_1$, $S\Delta_2$ qui les projettent par un point donné S de la cubique sont conjugués relativement au cône circonscrit Σ de centre S (¹).

Cette propriété subsiste alors pour tout point S_λ de la cubique, car les figures $S\Delta_1$, $S\Delta_2$, Σ, de la gerbe (S) ont pour homologues dans la gerbe homographique (S_λ) les figures $S_\lambda \Delta_1$, $S_\lambda \Delta_2$, Σ_λ.

Les cordes conjuguées d'une même corde donnée Δ sont les génératrices-cordes d'une même quadrique circonscrite Q, car elles sont toutes incidentes à la droite polaire du plan $S\Delta$, relative au cône circonscrit de centre S. La corde Δ sera dite *corde caractéristique de la quadrique* Q; elle n'en est pas une génératrice.

Réciproquement, si l'on considère une quadrique circonscrite arbitraire Q, les plans polaires de ses génératrices transversales, relatifs aux cônes circonscrits qui ont leurs centres aux points d'incidence de ces transversales, forment un ensemble de plans simultanément homologues dans l'ensemble des gerbes deux à deux homographiques attachées à la cubique,

---

(¹) Deux cordes conjuguées d'une cubique présentent une certaine analogie avec deux droites conjuguées d'une conique. On sait que les paires de rayons qui, par un point arbitraire d'une conique, projettent les paires d'extrémités de deux droites conjuguées sont harmoniques. Il en résulte que, si l'on considère deux cordes conjuguées d'une cubique, les paires de plans qui, par une troisième corde arbitraire, projettent les paires de points d'incidence des deux premières sont harmoniques (il suffit de faire une projection centrale par l'un des points d'incidence de la troisième corde).

et contiennent par conséquent une même corde de la cubique, conjuguée de toutes les génératrices-cordes de la quadrique : c'est la corde caractéristique de celle-ci.

Une corde de la cubique définit à la fois un faisceau de quadriques circonscrites Q_1, pour chacune desquelles elle est une génératrice, et une quadrique Q_2 dont elle est la corde caractéristique. Les cordes caractéristiques des quadriques Q_1 sont les génératrices-cordes de la quadrique Q_2; autrement dit, considérant deux quadriques circonscrites Q_1, Q_2, si la corde caractéristique de Q_1 est génératrice de Q_2, réciproquement la corde caractéristique de Q_2 est génératrice de Q_1. Les cordes caractéristiques des quadriques Q_1, Q_2 étant conjuguées, celles-ci peuvent aussi être dites *conjuguées :* les quadriques conjuguées d'une même quadrique forment un faisceau ponctuel et contiennent toutes la corde caractéristique de celle-ci.

Toute quadrique circonscrite contient dans le système de ses génératrices-cordes deux tangentes réelles ou imaginaires, distinctes si la quadrique est propre, confondues si elle se réduit à un cône.

Il suffit d'observer qu'il y a deux tangentes à la cubique rencontrant une génératrice-transversale donnée T ayant son point d'incidence en S : leurs points de contact sont les points où la cubique est touchée par les deux plans tangents issus de T au cône circonscrit de centre S. Le plan qui projette par S ces points de contact, polaire de T relatif au cône, est uni, ainsi qu'on l'a déjà vu, à la corde caractéristique de la quadrique envisagée.

La corde caractéristique d'une quadrique est donc la corde qui unit les contacts des deux génératrices de la quadrique tangentes à la cubique.

Nous dirons que deux points S_1, S_2 de la cubique sont associés relativement à une corde Δ, ou (mod Δ), si les cordes Δ et $S_1 S_2$ sont conjuguées.

Il est inutile d'insister sur les définitions corrélatives : axes conjugués, axe caractéristique d'une quadrique inscrite à la développable, etc.

THÉORÈME. — *Les trois quadriques circonscrites, contenant chacune un couple d'arêtes opposées d'un même tétraèdre inscrit ABCD, sont deux à deux conjuguées. Autrement dit, la corde caractéristique de chacune d'elles est génératrice de chacune des deux autres.*

S étant un point arbitraire de la cubique, soient G_1, G_2, G_3 les sécantes issues de S aux trois couples (AB, CD), (AC, BD), (AD, BC) d'arêtes opposées du tétraèdre, sécantes qui sont les génératrices-transversales respectives unies à S des trois quadriques circonscrites Q_1, Q_2, Q_3, contenant chacune un couple d'arêtes. Le plan polaire de G_1 relatif à *tout cône* de centre S *circonscrit au tétraèdre* est le plan $G_2 G_3$. Donc, si Δ_1 est la corde caractéristique de Q_1, le plan $S\Delta_1$, polaire de G_1, ainsi qu'on l'a vu, relatif au cône de sommet S circonscrit à la cubique, n'est autre que le plan $G_2 G_3$. Donc Δ_1, incidente aux transversales G_2 et G_3, est génératrice-corde des quadriques circonscrites Q_2, Q_3.

4 et 5. Soient, sur un plan arbitraire, X_1, X_2, X_3 les traces de la cubique, Γ la trace de la développable des tangentes.

Les quadriques circonscrites ont pour traces des coniques circonscrites à $X_1 X_2 X_3$ et rencontrant Γ en deux autres points, traces des deux tangentes portées par la quadrique correspondante. En particulier, les cônes circonscrits ont pour traces des coniques circonscrites à $X_1 X_2 X_3$ et tangentes à Γ; par un point du plan passent deux de ces coniques, traces des deux cônes qui ont leurs sommets aux points d'incidence de la corde unie au point considéré.

Une quadrique inscrite dans la développable a pour trace une conique tritangente à Γ (de même que le cône issu d'un point et circonscrit à une quadrique circonscrite est tritangent au cône qui, par ce point, projette la cubique, les génératrices de contact étant les projetantes des traces de la cubique sur le plan polaire du point relatif à la quadrique); cette conique tritangente recoupe Γ en deux autres points, traces des deux tangentes portées par la quadrique.

Si une quadrique circonscrite variable Q_λ est assujettie à contenir une corde fixe Δ de la cubique, la corde Δ_λ qui unit les contacts des deux tangentes qu'elle contient (corde caractéristique) décrit, comme on l'a vu, la quadrique Q qui a Δ pour caractéristique, c'est-à-dire la quadrique circonscrite qui contient les tangentes aux points d'incidence de Δ.

La droite d'intersection des plans osculateurs aux points d'incidence de Δ_λ, axe polaire réciproque de Δ_λ relatif au complexe linéaire, décrit alors une quadrique Z polaire réciproque de Q, par conséquent inscrite à la développable, contenant les deux mêmes tangentes que Q et ayant pour axe caractéristique l'axe d'intersection des plans osculateurs aux points d'incidence de Δ.

En considérant les traces de ces figures sur un plan, on a la proposition générale énoncée à la fin de la quatrième division du Chapitre III.

Les coniques circonscrites aux rebroussements d'une quartique de troisième classe et passant en un quatrième point fixe P du plan (traces des quadriques Q_λ précédentes, contenant la corde Δ unie à P) recoupent chacune la courbe en deux points (traces des tangentes portées par la quadrique correspondante). Le point de concours des tangentes à la quartique en ces deux points (trace de *l'axe*, intersection des deux plans osculateurs correspondants) décrit une conique tritangente à la courbe (trace de la quadrique inscrite Σ décrite par l'axe précédent), qui recoupe la courbe aux deux points où celle-ci est touchée par deux coniques du faisceau envisagé (traces des tangentes à la cubique aux points d'incidence de la corde Δ unie à P; les coniques mentionnées sont les traces des deux cônes circonscrits qui ont leurs sommets en ces points d'incidence).

Du théorème établi antérieurement (3) résulte aussi la propriété tangentielle fondamentale de la quartique de troisième classe, d'être la cayleyenne d'un réseau ponctuel de coniques, à droite double. Pour faciliter l'exposition, nous établirons la propriété corrélative qu'a la projection de la cubique gauche, d'être la hessienne d'un réseau tangentiel à point double.

Si Δ est la corde unie au centre de projection et AB, CD deux génératrices-cordes de la quadrique circonscrite Q qui admet Δ pour caractéristique (les points d'incidence des deux cordes sont respectivement A et B; C et D), les deux quadriques circonscrites Q_1, Q_2, qui contiennent l'une les deux cordes AC, BD, l'autre les deux cordes AD, BC, contiennent toutes deux la corde Δ. (Ces deux paires de cordes sont les paires de côtés opposés d'un même quadragone gauche ACBD, dont les diagonales AB, CD sont les deux génératrices envisagées de Q.)

Un plan arbitraire mené par Δ détermine une génératrice transversale T_1 de Q_1, sécante commune à (AC, BD) et une génératrice transversale T_2 de Q_2, sécante commune à (AD, BC). Le point de concours S de ces transversales est leur point d'incidence commun sur la cubique.

Mais le plan $T_1 T_2$ est le plan tangent en S à une quadrique contenant les quatre côtés du quadragone ACBD, et la cubique se présente comme lieu des points de contact des plans tangents menés par Δ aux quadriques qui contiennent les quatre côtés de ce quadragone. Rappelons que la seule condition à laquelle soit astreint ce quadragone est que ses diagonales soient deux génératrices-cordes de la quadrique circonscrite Q qui a Δ pour caractéristique; ou encore que chaque couple de ses sommets opposés soit formé de points associés (mod Δ).

La droite qui joint les points de contact des plans tangents menés par Δ à une même quadrique du faisceau qui a pour base le quadragone, polaire réciproque de Δ relative à cette quadrique et corde de la cubique, décrit une quadrique [1] circonscrite; celle-ci, contenant les diagonales du quadragone, positions particulières de la droite envisagée, n'est donc autre que la quadrique Q.

Les deux points de contact considérés sont donc aussi associés (mod Δ).

(A, B); (C, D) étant deux couples de points associés (mod Δ),

---

[1] On sait que les polaires réciproques d'une même droite relatives aux quadriques d'un faisceau décrivent une quadrique.

une droite unie à un point P de Δ et qui rencontre soit les deux droites AC, BD, soit les deux droites AD, BC, soit les deux tangentes à la cubique en A et B (ou en C et D), étant génératrice d'une quadrique circonscrite contenant Δ, est une transversale de la cubique et la rencontre en un point.

Si, d'un point P, on fait la projection de la cubique sur un plan, cette projection, qui a un point double π en la trace de la corde Δ unie à P, est le lieu des points de contact des tangentes issues de π aux coniques inscrites à un quadrilatère (projection des côtés du quadragone ACBD), qui sont les contours apparents des quadriques circonscrites au quadragone.

La droite qui unit les contacts relatifs à une même conique (points associés), polaire de π relative à cette conique, enveloppe une conique C (contour apparent de la quadrique Q), qui touche les diagonales du quadrilatère. Ce dernier peut être remplacé par tout autre ayant pour deux couples de sommets opposés deux couples de points associés. La droite qui joint deux points de la courbe et celle qui joint leurs associés se coupent sur la courbe, il en est de même pour deux tangentes en deux points associés. Les couples associés, ainsi que les coniques inscrites aux quadrilatères qu'ils définissent, appartiennent à un même réseau tangentiel à point double en π, dont la courbe est la hessienne, les droites de support de ces couples enveloppant la conique C (cayleyenne), qui touche les tangentes au point double, puisque la quadrique Q porte les tangentes aux points d'incidence de Δ, et tritangente à la courbe, les tangentes de contact étant les secondes tangentes à la courbe issues de ses points d'inflexion.

NOTE.

———

$1°$ Si A_1, A_2; B_1, B_2; C_1, C_2 sont les trois paires d'extrémités sur une cubique gauche de trois cordes, *génératrices d'une même quadrique circonscrite*, les plans des huit triangles $A_i B_j C_k$ ($i, j, k = 1, 2$) passent quatre par quatre en un même point P ou P′, les deux points P et P′ étant portés par la corde caractéristique Δ de la quadrique considérée, et conjugués à la cubique.

En effet, les plans $A_1 B_1 C_1$ et $A_1 B_1 C_2$, par exemple, projetant par une même corde $A_1 B_1$ deux points C_1, C_2 associés (mod Δ), leurs traces P, P′ sur Δ sont harmoniques au couple des extrémités de Δ. De même, la trace sur Δ de $A_1 B_2 C_1$ et la trace P de $A_1 B_1 C_1$ sont harmoniques au couple des extrémités de Δ. Donc la trace de $A_1 B_2 C_1$ se confond avec la trace P′ de $A_1 B_1 C_2$. On voit donc que les traces de deux triangles $A_i B_j C_k$ qui ont un et un seul sommet commun sont confondues sur Δ, tandis que celles de deux triangles qui ont O ou deux sommets communs sont conjuguées à la cubique.

$2°$ Si les traces P_1, P_2 sur une corde Δ de la cubique, de deux triangles inscrits $A_1 B_1 C_1$, $A_2 B_2 C_2$, sont conjuguées à la cubique, les couples (A_1, A_2), (B_1, B_2), (C_1, C_2) sont associés (mod Δ), et les projetantes par P_1 de A_2, B_2, C_2, sont les génératrices de contact d'un cône du second ordre tritangent au cône de sommet P_1 qui projette la cubique.

Car le plan $A_2 B_2 C_2$ ayant sa trace sur la corde (issue de P_1) conjuguée de P_1 est le plan polaire de P_1 relatif à une quadrique circonscrite; et le cône du second ordre mentionné est le cône de sommet P_1 circonscrit à cette quadrique.

$3°$ Projetant par P_1 sur un plan, et appelant points associés de la cubique-projection les projections de deux points associés (mod Δ), on en déduit immédiatement que les points de contact d'une même conique tritangente à la cubique-projection sont les associés de trois points alignés de cette cubique (car le plan des trois points qui se projettent sur ces derniers est uni au centre P_1 de projection).

FIN.

TABLE DES MATIÈRES.

FIN DE LA TABLE DES MATIÈRES.

PARIS. — Imprimerie GAUTHIER-VILLARS et Cⁱᵉ,

55, quai des Grands-Augustins.

60779-20